ISBN 978-3-662-24297-1   ISBN 978-3-662-26411-9 (eBook)
DOI 10.1007978-3-662-26411-9

Die in den Sitzungsberichten Abtlg. I und Abtlg. II der math. nat. Klasse der Österr. Ak. d. Wiss. erscheinenden Abhandlungen werden auch einzeln abgegeben. Sie können durch jede Buchhandlung oder direkt durch die Auslieferungsstelle der Österreichischen Akademie der Wissenschaften (Wien I, Singerstraße 12) bezogen werden.

Nachfolgende Abhandlungen aus den Fächern **Geologie, Mineralogie** und **Geographie** sind erschienen:

1959 (S I Bd. 168):

Flügel Helmut und Maurin Viktor: Ein Vorkommen vulkanischer Tuffe bei Eibiswald (Südweststeiermark). S 4.50

Hanselmayer Josef: Beiträge zur Sedimentpetrographie der Grazer Umgebung XI. Petrographie der Gerölle aus den pannonischen Schottern von Laßnitzhöhe, speziell Grube Griesal (mit 6 Figuren auf 3 Tafeln). S 40.10

Leischner Winfried: Zur Mikrofazies kalkalpiner Gesteine (mit 17 Textabbildungen, davon 1 auf einer Beilage und 6 Tafeln). S 52.40

Mitsopoulos M.: Erster Nachweis von Gosauschichten in Griechenland (mit 3 Textabbildungen und 2 Tafeln). S 16.30

Sander Bruno: Beiträge zur morphologischen Kennzeichnung der Erde. S 89.—

Thurner Andreas: Die Geologie des Gebietes zwischen Neumarkter und Perchauer Sattel (mit 5 Textabbildungen). S 15.50

1960 (S I Bd. 169):

Hanselmayer J.: Beiträge zur Sedimentpetrographie der Grazer Umgebung XIII. Ein „Andesit-Gerölle" aus der Sandgrube in Dornegg bei Nestelbach-Schemerl (mit 2 Abbildungen auf 1 Tafel). S 11.—

Hanselmayer J.: Beiträge zur Sedimentpetrographie der Grazer Umgebung XIV. Petrographie der Gerölle aus den pannonischen Schottern von Laßnitzhöhe, speziell Grube Griesal (mit 4 Textabbildungen und 2 Tafeln). S 20.—

1961 (S I Bd. 170):

Hanselmayer Josef, Beiträge zur Sedimentpetrographie der Grazer Umgebung XV. Petrographie der pannonischen Schotter von Hönigthal (mit 1 Textabbildung und 1 Tafel). S 170—11, S 26.90

Hanselmayer Josef, Beiträge zur Sedimentpetrographie der Grazer Umgebung XVI. Ein massiges, grünlichgraues Porphyroidgerölle aus den pannonischen Schottern von der Platte-Graz (mit 1 Tafel). S 170—30, S 9.—

Vaché Raimund, Prädiluviale Hochgebirgsbrekzien im mittleren Wettersteingebirge (mit 3 Textabbildungen und 1 Beilage). S 170—31, S 15.—

1962 (S I Bd. 171):

Hanselmayer Josef, Beiträge zur Sedimentpetrographie der Grazer Umgebung XVII. Fund eines Lasulith-Quarzfels-Gerölles im Würmglazialschotter von Graz (Don Bosko) (mit 4 Abbildungen auf 1 Tafel) 171—1, S 9.—

Hanselmayer Josef, Beiträge zur Sedimentpetrographie der Grazer Umgebung XVIII. Erster Einblick in die petrographische Zusammensetzung steirischer Würmglazialschotter (speziell Schottergrube Don Bosko, Graz) (mit 4 Abbildungen auf 2 Tafeln) 171—3, S 47.—

Kaumanns M., Zur Stratigraphie und Tektonik der Gosauschichten. II. Die Gosauschichten des Kainachbeckens (mit 8 Abbildungen und 3 Tafeln) 171—17, S 50.—

Kristan-Tollmann Edith und Tollmann Alexander, Die Mürzalpendecke — eine neue hochalpine Großeinheit der östlichen Kalkalpen (mit 1 Abbildung) 171—2, S 37.—

Schoklitsch Karl, Untersuchungen an Schwermineralspektren und Kornverteilungen von quartären und jungtertiären Sedimenten des Oberpullendorfer Beckens (Landseer Bucht) im mittleren Burgenland 171—4, S 124.—

Tollmann Alexander, Die Frankenfelser Deckschollenklippen der Grestener Klippenzone als Typus tektonischer Deckschollenklippen 171—6, S 12.—

Winkler-Hermaden Arthur, Die jüngsttertiäre (sarmatisch-pannonisch-höherpliozäne) Auffüllung des Pullendorfer Beckens (= Landseer Bucht E. Sueß') im mittleren Burgenland und der pliozäne Basaltvulkanismus am Pauliberg und bei Oberpullendorf — Stoob (mit 5 Textabbildungen, 5 Tafeln mit je zwei Lichtbildern in Schwarzdruck und 3 Tafeln in Farbdruck) 171—5, S 84.—

Aus der Geologischen Erkundungsanstalt (Geologický průzkum)
Jihlava

Der Skarnkörper bei Budeč bei Žďár

Von Dušan Němec

Mit 12 Textabbildungen und 1 Tafel

(Vorgelegt in der Sitzung am 30. Mai 1963)

Einleitung

Der Skarn bei Budeč liegt in einer flachen Ebene, etwa 400 m von dem genannten Dorfe entfernt. In seinem nördlichen Teil, wo er zutage kommt, wurde er vor Zeiten bergmännisch aufgeschlossen. Während aber die Angaben über den mittelalterlichen Bergbau sehr spärlich sind, ist der letzte in den Jahren 1838—1861 verlaufende Bergbau durch Archivdokumente gut belegt. Im Laufe der jüngsten Jahre wurde der Skarnkörper mittels geologischer Erkundungsarbeiten gründlich untersucht. Die dabei gewonnenen Erkenntnisse über den geologischen Bau des Skarnkörpers und seine geologische Lage wurden zum Teil von J. Janečka und J. Skácel (1958) kurz zusammengefaßt. Dem Verfasser blieb die Erforschung der mineralogischen sowie der genetischen Verhältnisse dieser Skarnlokalität zuteil. Bei dieser Arbeit waren mir die Objektgeologen dieser Lokalität, dipl. Geol. J. Duda und dipl. Geol. Dumurdžanov mit manchen Angaben behilflich, wofür ich ihnen bei dieser Gelegenheit meinen herzlichen Dank aussprechen möchte.

Geologische Verhältnisse des Skarnkörpers und seiner Umgebung

Die Umgebung des Skarnkörpers nehmen größtenteils typische Orthogneise ein, deren Streichen um NNE—SSW schwankt (J. Kožíšek) und die unter flachen Winkeln nach ESE einfallen. Östlich von Budeč ist in ihnen eine mächtige Paragneisscholle konkordant eingelagert. Ihr Kontakt mit Orthogneisen ist stellenweise scharf, meistens hat sich hier aber eine aus typischen, gebänderten Migmatitgneisen bestehende Übergangszone entwickelt.

Der behandelte Skarn sitzt in der erwähnten Paragneisscholle dicht an ihrem Kontakt mit Orthogneisen (Abb. 1). Er steht mit den Paragneisen im konkordanten Verband. Detailuntersuchungen

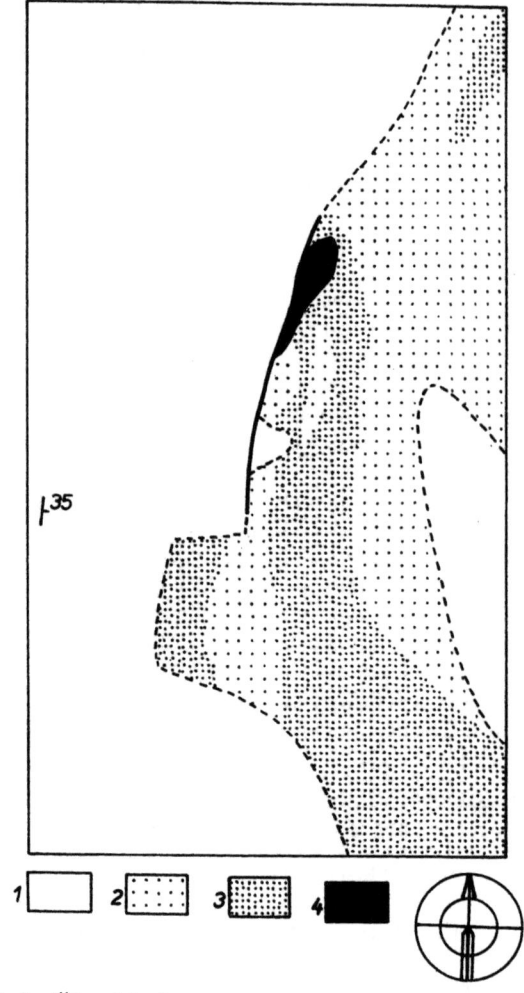

Abb. 1. Geologische Übersichtskarte der Umgebung des Budečer Skarns (nach der Kartierung von dipl. Geol. J. Duda, etwas schematisiert). 1 = Orthogneis, 2 = gebänderte Migmatitgneise, 3 = Biotitparagneis, 4 = Skarnassoziationen.

zeigten, daß es sich tatsächlich um zwei dicht übereinander liegende längliche Skarnlinsen handelt, die durch eine 10—50 m mächtige Gneiseinlagerung voneinander getrennt sind. Beide Körper überdecken sich fast gänzlich, so daß sie nur eine einzige magnetische Anomalie liefern (Abb. 2). Die untere Skarnlinse, die nicht zutage tritt, ist in der Längsrichtung gegen die obenliegende etwa um 100 m südwärts verschoben. Die obenliegende Linse reicht dagegen fast in ihrer ganzen Länge bis zur Tagesoberfläche. Beide Skarnlinsen sind in der NNE—SSW-Richtung in die Länge gezogen und ihre Achsen liegen beinahe horizontal. Die obenliegende Skarnlinse ist etwa 300 m lang und fällt unter einem Winkel von 20—40° nach ESE ein. Ihre Breite in der Fallrichtung beträgt ungefähr 100 m, ihre Mächtigkeit

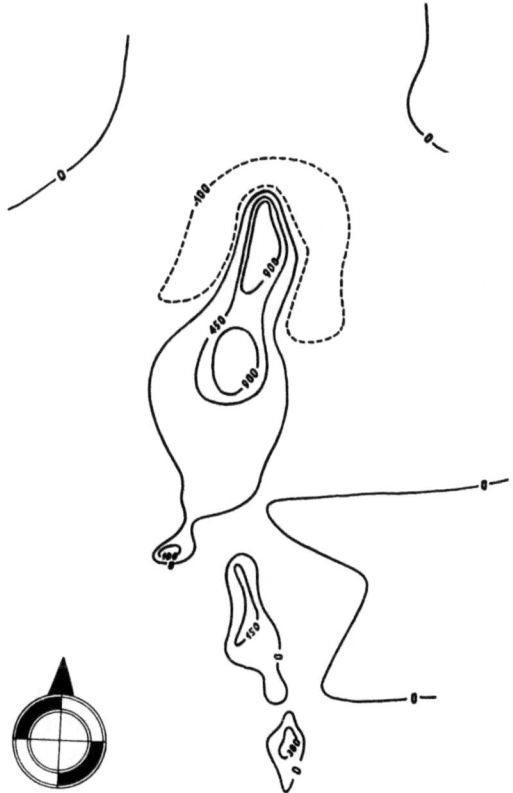

Abb. 2. Isolinien der Vertikalintensität des geomagnetischen Feldes in γ. Messungen von dipl. Geophysiker Z. NOVOTNÝ.

ist etwa 30 m. Im Norden endet sie verhältnismäßig plötzlich, in ihrem Südteil nimmt sie allmählich an Mächtigkeit ab und keilt dort aus, wo der untenliegende Skarnkörper die größte Mächtigkeit zeigt. Der untere Skarnkörper ist volumenmäßig etwa zweimal so groß wie der obenliegende. Er ist auch etwa 300 m lang, seine Breite beträgt in der Einfallsrichtung ungefähr 80 m, seine durchschnittliche Mächtigkeit schwankt jedoch um 60 m. Infolgedessen ist er beinahe walzenförmig. Diese Skarnlinse fällt allgemein unter einem Winkel von 30⁰ nach ESE, sein südlicher Ausläufer sogar unter 65⁰ ein.

Neben den bereits beschriebenen Skarnkörpern wurden in ihrer Nähe auch geringe Skarnschlieren festgestellt. Als kleine isolierte Inselchen erscheinen sie noch in der südlichen Fortsetzung der Skarnkörper (Abb. 2).

Der Skarn wurde sehr kräftig tektonisch betroffen. Die Hauptstörungen laufen parallel zu seinem Streichen, also etwa in der N—S-Richtung, und stehen meistens steil. Die mächtigste von ihnen geht an dem Westrand des Skarnes vorbei, wobei sie ihn teilweise abschneidet. Die westliche Scholle sank um ungefähr 20 m in die Tiefe (Abb. 3). Kleinere Sprünge sind noch an anderen minder ausgeprägten Störungen, die mit der beschriebenen parallel verlaufen, feststellbar, die den Skarn schneiden. Auch die jetzige Skarnmorphologie wurde dadurch teilweise beeinflußt. Die Zergliederung des Skarns in zwei Linsen ist aber wahrscheinlich ein primäres Merkmal, das nicht tektonisch bedingt war.

Die Skarnlinsen bestehen vorwiegend aus einem kompakten Pyroxen-Amphibol-Skarn, untergeordnet erscheint auch der durch Pseudobrekzientexturen sich auszeichnende Granat-Pyroxen-Skarn. Während die erstgenannte Skarnvarietät kleinere Einlagerungen auch in Pyroxenfelsen und Paragneisen des Skarnmantels bildet, scheinen die granatischen Varietäten fast ausschließlich auf den Skarnkern beschränkt zu sein. Dort, wo der Skarn mit Paragneisen in Kontakt steht, ist er durch eine Pyroxenhornfels-Hülle bemäntelt. Ihre Mächtigkeit schwankt zwar, aber nur selten übersteigt sie 15 m, stellenweise fehlt sie sogar vollkommen. Dieses Gestein trifft man als Einlagerungen sowohl im Skarn als auch in Paragneisen an. Sein Volumen kann auf etwa ein Fünftel des Skarnvolumens geschätzt werden. Im Hangenden erscheinen in ihnen Lagen gebänderter Biotit-Pyroxen-Schiefer, die nur einige Meter breit sind.

Die Pyroxenhornfelse bilden dank ihres Reichtums an Feldspat eine zwischen Skarn und Paragneisen eingelagerte Übergangszone,

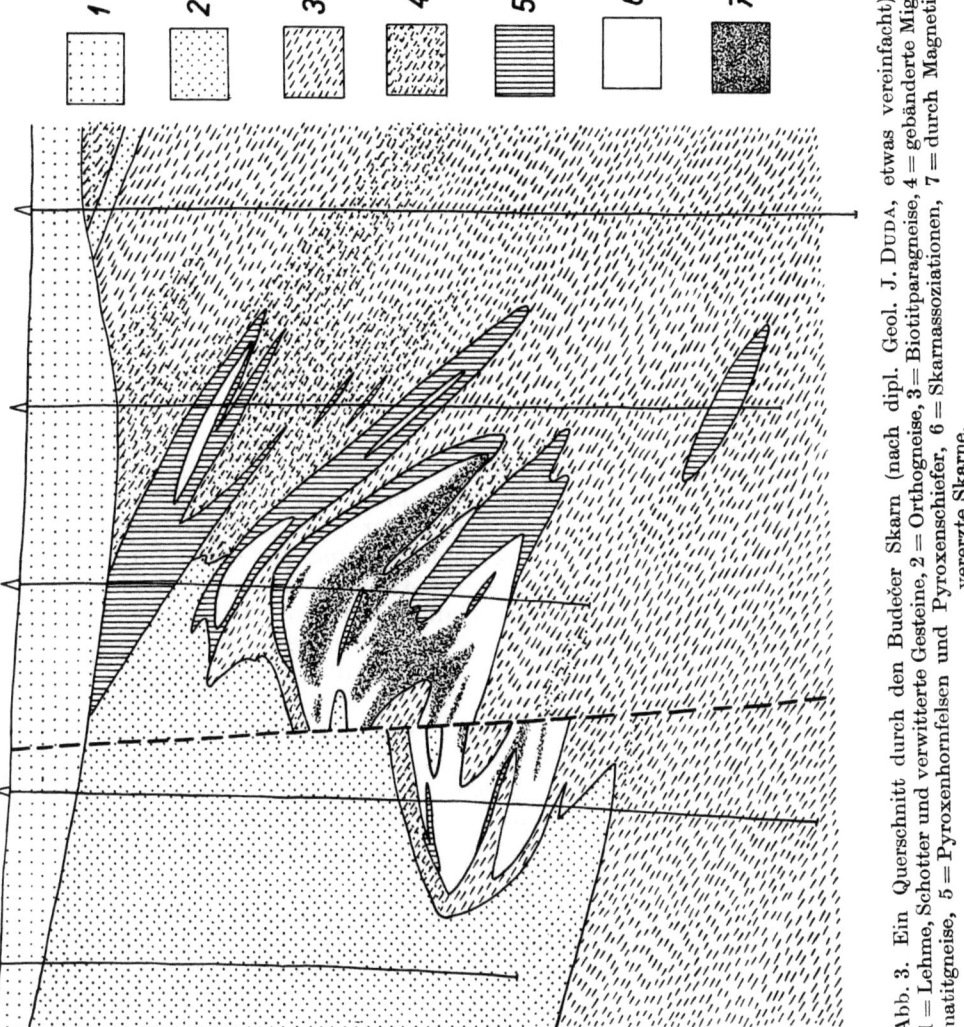

Abb. 3. Ein Querschnitt durch den Budečer Skarn (nach dipl. Geol. J. DUDA, etwas vereinfacht). 1 = Lehme, Schotter und verwitterte Gesteine, 2 = Orthogneise, 3 = Biotitparagneise, 4 = gebänderte Migmatitgneise, 5 = Pyroxenhornfelsen und Pyroxenschiefer, 6 = Skarnassoziationen, 7 = durch Magnetit vererzte Skarne.

und sowohl Skarn als auch Pyroxenfelse können als typische Bestandteile der Paraserie angesehen werden. Sie wurden nicht in Orthogneisen und Migmatiten festgestellt, mit Ausnahme einiger sehr seltener in der Nähe des Skarnkörpers in Orthogneisen eingeschlossener laibförmiger Amphibolskarnlinsen. Sie sind rund 0,5 m groß, ihre Oberfläche ist gerundet und glatt. Gegen die Orthogneise sind sie scharf und ohne Übergangszonen begrenzt. Es handelt sich also um eingefaltete Skarnboudins.

Wohl sind beide Skarnlinsen durch Magnetit vererzt, in der untenliegenden ist aber die Vererzung viel reicher. Sie nimmt die Zentralpartien der Skarnlinse ein, im Detail ist die Vererzung natürlich unregelmäßig verteilt. Stellenweise nimmt sie sogar die ganze Skarnmächtigkeit ein, an anderen Stellen zersplittert sich die Vererzung in mehrere voneinander getrennte Lagen. Durch Magnetit vererzt sind fast ausschließlich nur die Pyroxen-Amphibol-Skarne. Magnetit bildet darin schmale Äderchen, die durch allmähliche Verdichtung bis in kompakte, nur aus Magnetit bestehende Partien übergehen, so daß extreme Unterschiede zwischen magnetithaltigen und tauben Skarnen bestehen.

Pyroxenhornfelse samt den sie umgebenden Paragneisen sind mit Pegmatitgängen durchgeadert, die im Skarnkörper, dank seiner Sprödigkeit, besonders häufig erscheinen. Die Gänge verlaufen unregelmäßig, ihre Streich- und Einfallsrichtungen sind recht veränderlich, oft weisen sie Verzweigungen und plötzliche Umbiegungen auf (sie schmiegen sich an die Störungen). Auch ihre Mächtigkeit ist recht variabel. Sie bilden Gänge, taschenförmige oder andere Gebilde, deren Mächtigkeit bis zu 10 m ansteigt. Zusammengerechnet nehmen sie nur einige Prozente des gesamten Skarnkörpers ein.

Mit den Pegmatiten hängen genetisch und manchmal auch räumlich Gänge und Schlieren von granitoiden Eruptivgesteinen zusammen. Zwar sind sie im ganzen Skarn zerstreut, im Vergleich zu den Pegmatiten sind sie aber beträchtlich seltener und ihre Mächtigkeiten sind wesentlich kleiner. In Orthogneisen fehlen die granitischen Gesteine gänzlich.

Die Kontakte der Pegmatitgänge mit den Skarngesteinen sind mit schmalen Amphibolsäumen versehen. Schmale unscharf begrenzte Amphiboläderchen durchqueren häufig den Skarn. Nicht zahlreich sind kleine aus grobkörnigem Calcit bestehende Schlieren. Sulfide halten sich an kleine Störungen oder imprägnieren stellenweise den Skarn. Unter ihnen überwiegt der Magnetitkies. Weniger intensiv ist die Schwefelkiesvererzung; dieses Sulfid ist aber dünner als Magnetkies zerstreut. Was die räumliche Verteilung der Sulfide betrifft, gelang es nicht, eine Regelmäßigkeit zu finden. In Pyroxenhornfelsen fehlen die Sulfide, in Paragneisen trifft man stellenweise nur Schwefelkiesbeläge der Schieferungsflächen.

Petrographische Charakteristik der Gesteine des Skarnmantels

Nebulitische Orthogneise

Orthogneiše sind meistens mittelkörnig und leukokrat. Nur vereinzelt und stellenweise führen sie schmale dunkle Einlagerungen. Stellenweise sind sie auch pegmatitisch entwickelt. Ihre Schieferungsflächen sind nicht allzu deutlich. In der Nähe des Skarnkörpers macht sich eine in Schieferungsflächen vorkommende Rillung bemerkbar. Oft zeigt das Gestein kleine, leichte und verwischte Falten. Seine Struktur ist granoblastisch, in tektonisch stärker durchbewegten Gesteinen trifft man auch mylonitische, porphyroklastische und andere Strukturen an. Das Mengenverhältnis unter den Hauptbestandteilen ist veränderlich, manchmal überwiegen Feldspäte, von ihnen wieder der Kalifeldspat, der oft durch Perthit vertreten ist. Plagioklas gehört dem Oligoklas an, Biotit ist selten, Muskowit erscheint nicht nur als Serizit, sondern auch in gut ausgebildeten Schüppchen. Häufig erscheinen Sillimanitbüschelchen und vereinzelte, zerstreute Granatholoblaste, akzessorisch tritt Apatit und Zirkon dazu.

Biotitparagneise

Paragneise sind monoschematische, dunkelbraune und feinkörnige Gesteine ohne ausgeprägte Paralleltexturen. Der Biotitanteil übertrifft etwa ein Drittel des Gesteinsvolumens. Das Gestein zeigt granolepidoblastische Struktur oder Augenstruktur und besteht aus gerundeten Feldspataugen (um 0,5 mm groß), die in eine Füllmasse aus anderen feinkörnigeren Bestandteilen eingebettet sind. Nach den U-Tischmessungen schwankt die Basizität der Feldspäte zwischen 28—37% An. In gleicher Ausbildung, jedoch beträchtlich seltener, kommt auch Orthoklas vor; er ist nie perthitisch. Quarz ist nicht häufig. Typische Paragneise sind sillimanit- und granatfrei. Apatit und Zirkon sind übliche Akzessorien.

Den Vergleich der Modalzusammensetzung der Orthogneise mit den Paragneisen ermöglicht Tabelle 1.

Tabelle 1. Beispiele modaler Zusammensetzung der Ortho- und Paragneise aus der Budečer Lokalität (Volumenprozent)

Gestein	Kalifeldspat + Perthit	Plagioklas	Quarz	Biotit + Chlorit	Muskowit + Serizit	Sillimanit + Granat	Apatit
Paragneis	20,3	39,4	2,7	37,1	—	—	0,5
Orthogneis	38,4	11,6	40,3	3,5	4,2	2,0	—

Gebänderte Migmatitgneise

Von den Paragneisen, mit denen sie durch Übergänge verbunden sind, unterscheiden sie sich durch die Anwesenheit der Metasominjektionen. Metasom bildet in Paläosom scharf begrenzte und verschieden dichte weiße Bänder, die stellenweise anschwellen und sich wieder verdünnen (Taf. I, Abb. 1). Ihre Mächtigkeit steigt bis zu einigen Millimetern, sie kann aber noch mehr betragen[1]. Selten sind sie schlangenartig zu ptygmatitischen Falten verbogen.

Paläosom entspricht mit seiner Struktur und Mineralzusammensetzung den gewöhnlichen Paragneisen, er unterscheidet sich von ihm nur durch die Anwesenheit von Sillimanit. Metasom ist grobkörniger, in seiner Zusammensetzung überwiegt Orthoklas (selten ist er durch Mikroperthit vertreten), der bis einige Millimeter große Kriställchen bildet. Quarz ist häufig vertreten und ist feinkörniger als die Feldspate. Plagioklas wird hier zu einem Nebenbestandteil. Verhältnismäßig oft erscheinen die bis 1 mm großen Cordieritkörner, die manchmal vollkommen pinitisiert sind. Biotit fehlt, dagegen erscheint im Metasom verhältnismäßig reichlich Muskowit.

Der Textur und Zusammensetzung nach handelt es sich also um typische Adermigmatite. Ihr genetischer Zusammenhang mit Orthogneisen liegt auf der Hand. Vielleicht entstanden sie schon bei Intrusion der jetzt in Orthogneise umgewandelten Eruptivgesteine, es ist aber nicht ausgeschlossen, daß sie erst während der Metamorphose dieser Eruptivgesteine zustandekamen. Das Cordieritvorkommen weist zugleich auf die Kontamination des Metasoms durch die Paläosomkomponente hin.

Dolomitische Kalksteine

Trotz ihrer Seltenheit und verhältnismäßig geringen Mächtigkeiten (bis zu 2 m) müssen sie für selbständige petrographische Einheiten gehalten werden. Von Schlieren und Linsen des epigenetischen Calcites unterscheiden sie sich durch ihre größeren Ausmaße und besonders durch das Vorhandensein von häufigen Nebenbestandteilen (die Calcitschlieren sind stets ganz rein). Zwar wurden sie nie unmittelbar im Skarnkörper angetroffen, nichtsdestoweniger wurden sie immer in seiner Nähe als konkordante Einlagerungen in Paragneisen und Migmatiten gefunden.

Die Farbe dieser Gesteine ist grau, und zwar in verschiedenen Tönen je nach dem Gehalte der dunklen Bestandteile, die im

---

[1] Man betrachtet hier nicht die in Paragneisen manchmal erscheinenden Lagergänge von typischen Orthogneisen, deren Mächtigkeit 1 dm und mehr ist.

Zu: D. NĚMEC, Der Skarnkörper bei Budeč usw.　　　　　　　　Tafel 1

Abb. 1. Migmatitgneis, Budeč. Ein Bohrkern. Verkleinerung ½ ×.

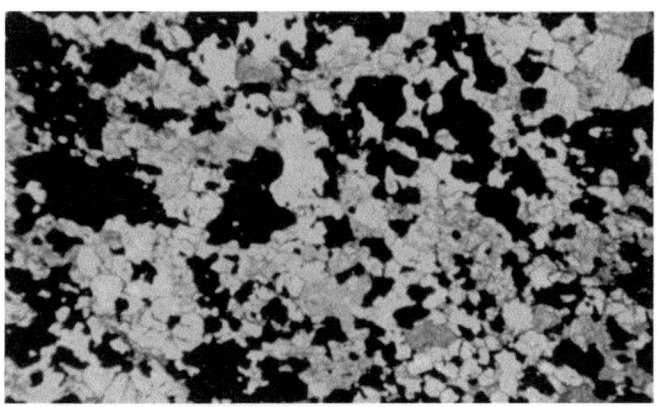

Abb. 2. Magnetithaltiger Pyroxen-Amphibolskarn, Budeč. Vergrößerung ca. 20 ×.

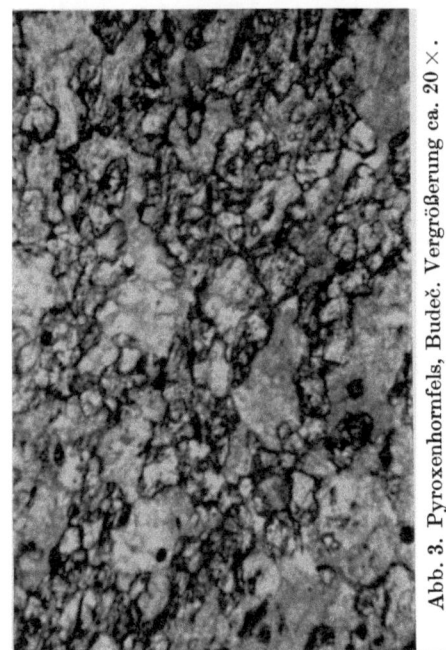

Abb. 3. Pyroxenhornfels, Budeč. Vergrößerung ca. 20 ×.

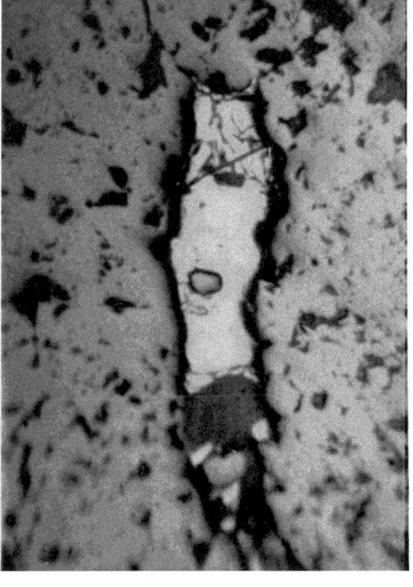

Abb. 4. Wismutglanz mit gediegenem Wismut verwachser (in Abb. sind sie fast ununterscheidbar) im Magnetit. Stark vergrößert.

Gesteine recht unregelmäßig zerstreut sind. Das Gestein besitzt eine granoblastische Struktur, seine Korngröße liegt um 0,7 mm. Neben Carbonaten sind manchmal ganz serpentinisierte Olivinkörner zugegen, die von selteneren Chondrodit begleitet werden. Minder häufig ist Phlogopit und ein hellgefärbter Chlorit (vielleicht Leuchtenbergit oder eine andere ihm naheliegende Varietät). Unregelmäßig kommen auch Granatkörner und säulenförmige Kristalle einer Hornblende der Tremolit-Aktinolith-Reihe vor.

Petrographische Charakteristik der Skarngesteine

Pyroxen-Amphibol-Skarne

Es handelt sich um grün gefärbte Gesteine, die manchmal schlierig mit Amphibol, seltener von Granat durchsetzt sind. Ihre Texturen sind massig, schlierig, fleckig u. a., nie aber kommen gebänderte Texturen vor. Schieferung, auch die „Pseudoschieferung", fehlt stets. Die Struktur dieser Skarne ist granoblastisch, die Korngröße schwankt um 0,15 mm. Dieses Gestein enthält immer inhomogen verteilten Amphibol, dessen Gehalt nie ein Drittel des Gesteinsvolumens übersteigt. Andere Bestandteile sind in diesen Gesteinen nur untergeordnet zugegen, ihre Verteilung ist unregelmäßig. Pyroxen gehört zu der Diopsid-Hedenbergit-Reihe. Im Dünnschliff ist er fast farblos. Sowohl in magnetithaltigen als auch in tauben Skarnproben zeigt er Brechungsindizes, die größer als 1,69, aber kleiner als der Brechungsindex des Methylenjodids sind. Es handelt sich also um Salit oder Ferrosalit. Hornblende ist öfters ein wenig grobkörniger als Pyroxen und zeigt einen kräftigen Pleochroismus in grünlichen Tönen, manchmal mit einem Stich nach blaugrün. Der nur ausnahmsweise erscheinende Biotit ist grün, Calcit kommt als Zwickelfüllung vor. Granat zeigt eine deutliche Beziehung zu den Calcitäderchen und wird in solchen Fällen mit reichlichem Amphibol vergesellschaftet. Als eine große Seltenheit wurde in einer mit Calcit imprägnierten Probe noch Skapolith festgestellt. Akzessorisch erscheint Apatit, während Orthit und Titanit den amphibolreichen Gesteinspartien eigen sind. Von den sekundären Mineralien sind Chlorit und Mineralien aus der Zoisit-Epidot-Gruppe vertreten. Quarz fehlt aber gänzlich.

Amphibolskarne

Die Amphibolskarne sind durch Übergänge mit Pyroxenskarnen verbunden. Mit Pyroxenskarnen verglichen, sind sie dunkler gefärbt und etwas grobkörniger (um 0,7 mm). Sie weisen granoblastische Strukturen auf. Ihr Hauptbestandteil ist eine sattgrüne Hornblende (mit $\alpha = 1{,}646 \pm 0{,}002$, $\gamma = 1{,}667 \pm 0{,}001$). Nur selten wandeln sie sich, beginnend von ihren Randpartien, in eine fast farblose aktinolithische Hornblende in gleicher Orientierung um. Auch nur selten sind die in einem Grundgewebe von nadeligen aktinolithischen Hornblenden eingeschlossenen grünen Hornblendekristalle anzutreffen. Es ist nicht gelungen, die Gründe dieser Umwandlung festzustellen. Der mitunter vorkommende Pyroxen braucht keine nähere Beschreibung. Selten ist auch ein grüner oder brauner Biotit zugegen. Die braune Varietät sollte man eigentlich als Meroxen bezeichnen (die in einer Probe in Basisschnitten festgestellten Durchschnittsbrechungsindizes liegen ein wenig unter 1,625). Es mangelt vollkommen an Granat. Auch Quarz fehlt, nur die in Orthogneisen eingefalteten Skarnboudins enthalten ihn als einen Nebenbestandteil. Diese Boudins enthalten noch sehr spärliche serizitisierte Pseudomorphosen, wahrscheinlich nach Feldspatkörnern. In ihren Quarz- und Feldspatgehalten läßt sich der kontaminierende Einfluß der umgebenden Orthogneise auf die Skarnfragmente erblicken. Akzessorisch erscheint Apatit, Titanit und Orthit. Das letztgenannte Mineral ist besonders für die Amphinolskarne kennzeichnend. Es bildet rund 0,05 mm große schmutzigbraune Kriställchen, die in den Gesteinen sehr inhomogen verteilt sind. Im Amphibol und Chlorit verursachen sie stark pleochroische Höfe, bei Apatit dagegen haben sich nur um die in Biotit eingeschlossenen Apatitkörnchen schmale Höfe entwickelt, um Titanitkörner herum fehlen diese Höfe gänzlich. Die Amphibolskarne sind manchmal magnetithaltig oder sie sind mit Magnetkies imprägniert. Ausnahmsweise ist hier auch Calcit zugegen. Von den sekundären Mineralien kam auch selten Chlorit vor, dessen optische Eigenschaften gerade an der Grenze zwischen Prochlorit und Fe-Prochlorit liegen (γ-lichtgrün, α-strohgelb, $\gamma = 1{,}635 \pm 0{,}001$, Doppelbrechung steigt nicht über die graue Farbe des I. Ordens hinauf, 2 V ist gering und dabei negativ). Epidot bildet unscharfe Äderchen. Der durch die U-Tischmessungen ermittelte Winkel seiner optischen Achsen (77°, 79°, Charakter negativ) weist auf einen Pistazit mit etwa 20—30% eines eisenhaltigen Moleküls hin.

Granat-Pyroxen-Skarne

Megaskopisch sind sie sehr veränderlich. Ihre Texturen sind fleckig, schlierig, manchmal trifft man auch Pseudobrekzientexturen an. Diese Skarne sind mittel- bis feinkörnig, Granat und Pyroxen sind gewöhnlich getrennt zu Schlieren angehäuft. Granat ist stets isotrop. Pyroxen braucht keine nähere Beschreibung. Dazu kommt noch Amphibol, manchmal auch Calcit, akzessorisch Apatit und

Magnetit. Granat wird stellenweise durch ein Mineral der Zoisit-Epidot-Gruppe ersetzt.

Magnetithaltige Skarne

Beträchtlicheren Magnetitgehalt findet man fast ausschließlich im Pyroxen-Amphibol-Skarn. Im Gegensatz zu anderen westmährischen Skarnlokalitäten (Županovice, Ruda bei Čachnov u. a.), wo Magnetit isolierte zerstreute Körner im Skarn bildet, erscheint er im Budečer Skarn in geringen Äderchen, die stellenweise dicht werden, bis sie zuletzt in massige Erze übergehen. Magnetitarme Proben zeigen also Ader- bis Schlierentexturen, magnetitreiche sind massig und weisen sideronitische Strukturen auf. Der Silikatanteil dieser Gesteine entspricht völlig den unvererzten Skarnen: die Magnetitkristallisation wurde nicht von Zersetzung oder Abänderung der ursprünglich vorhandenen Silikatmineralien begleitet. Magnetit ist durch allotriomorphe Körner (Taf. I, Abb. 2) an die Intergranularen der Silikate gebunden und verdrängt sie. Es ist aber bemerkenswert, daß er nicht längs der Spaltrisse in Pyroxen oder Amphibol eindringt. Manchmal ist die Magnetitvererzung selektiv an die Pyroxenschlieren gebunden (Amphibolschlieren sind frei von ihm), es handelt sich aber nicht um eine allgemein gültige Regel. Magnetit wird nie martitisiert. Hämatit fehlt vollkommen.

Pyroxenhornfelsen, Pyroxengneise und Pyroxen-Biotit-Schiefer

Diese Gesteine, welche zusammen die Skarnhülle bilden, sind durch allmähliche Übergänge verbunden und gehen einerseits in Paragneise, andrerseits in Skarne über. Ihre Ursprungsgesteine waren wahrscheinlich größtenteils Paragneise. Dies läßt besonders das Vorkommen von solchen gebänderten Schiefern vermuten, in denen schmale grünliche Hornfelsbänder mit engen biotithaltigen Bändern wechseln, die in ihrer Mineralzusammensetzung den Paragneisen völlig entsprechen. Mineralogisch zeichnen sich die bereits beschriebenen Gesteine durch die Abwesenheit des Granats aus. Verglichen mit den Skarngesteinen sind ihre Fe-Gehalte nicht so hoch: Pyroxen ist durch Diopsid, Amphibol durch helle Varietäten vertreten, ähnliches gilt auch für Glimmer. Auch die hier vorkommenden Mineralien aus der Zoisit-Epidot-Gruppe weisen niedrigere Fe-Gehalte auf, wie man aus ihren optischen Eigenschaften schließen kann. Nie werden sie mit Magnetit vererzt.

Mit dem Namen Pyroxenhornfelsen werden die vorwiegend aus Pyroxen und Plagioklas bestehenden Gesteine bezeichnet. In der

Skarnhülle überwiegen sie. Wenn neben Pyroxen noch Biotit erscheint, wird für solche Gesteine die Bezeichnung Pyroxengneis benützt. Solche Gesteine erscheinen nur ganz untergeordnet. Pyroxen-Biotit-Schiefer unterscheiden sich allgemein von den beiden vorangehenden Typen durch die Abwesenheit der Feldspate. Ihre Glimmergehalte sind beträchtlicher. Sie kommen seltener als die Pyroxenhornfelsen vor, gegen die sie megaskopisch manchmal scharf begrenzt sind. Sie sind recht veränderlich und daher petrographisch schwer typisierbar. Sie bilden einen beträchtlichen Anteil einer Lage sehr ungleichartiger Gesteine, die sich innerhalb der Skarnhülle im Skarnhangenden befindet und nur einige Meter breit ist. Diese Lage besteht aus kompakten, biotitarmen Bändern, deren Breite gewöhnlich nur einige Zentimeter beträgt, und die mit plastischen, gut geschieferten und biotitreichen Lagen wechselt. Kompakte Bänder sind schlangenartig gebogen, schwellen stellenweise an und verengen sich plötzlich wieder. In diesen Gesteinen erscheinen auch schmale Pegmatitlagergänge.

Pyroxenhornfelsen sind fein- bis mittelkörnig und weisen granoblastische Struktur auf (Taf. I, Abb. 3). Pyroxen ist hier durch Diopsid vertreten ($\alpha = 1{,}671 \pm 0{,}001$). Die Plagioklasgehalte sind sehr veränderlich, Plagioklas kann manchmal sogar gänzlich fehlen. Ihre optischen Eigenschaften weisen auf Andesin hin; wegen einer tiefen Serizitisierung lassen sie sich aber gewöhnlich nicht näher bestimmen. In Dünnschliffen, die Kontakte der Pyroxenfelsbänder mit den Pyroxengneisbändern schneiden, ist eine tiefere Plagioklasserizitisierung in den Hornfelsen als in den Gneisen sichtbar. Als unregelmäßige Nebengemengteile erscheinen Orthoklas, Amphibol, Biotit und Calcit, in veränderlichen Mengen. In den plagioklasführenden Hornfelsen ist akzessorischer Titanit häufig anzutreffen, sonst fehlt er. Apatit ist nicht häufig. Von den sekundären Mineralien erscheint oft ein Mineral der Zoisit-Epidot-Gruppe. Seine optischen Eigenschaften (z. B. der Winkel der optischen Achsen, der mit dem U-Tisch bestimmt wurde und den Durchschnittswert von 88^0, negativen Charakters, zeigte) weisen auf Pistazit mit etwa 10—15% des Fe-Moleküls hin. Er wird von seltenerem Prehnit begleitet.

Pyroxengneise enthalten bis zu 50% farbige Gemengteile. Pyroxen ist darin inhomogen zerstreut, was mit der Biotitverteilung kontrastiert (Biotit ist gleichmäßig verteilt). Plagioklas, sofern er nicht serizitisiert ist, weist 46% An (nach den U-Tischbestimmungen), so daß seine Basizität diejenige der Paragneisplagioklase übertrifft. Zu ihm gesellt sich in recht veränderlicher Menge der Kalifeldspat, der manchmal perthitisch ist. Titanit, Apatit und opake Erzmineralien sind die Akzessorien.

Die Pyroxen-Biotit-Schiefer sind wegen ihrer sehr veränderlichen Zusammensetzung schwer zu beschreiben. Von ihren Bestandteilen überwiegt Pyroxen, nach ihm folgt mengenmäßig eine helle Biotitvarietät (die sich oft zu einem farblosen Chlorit umgewandelt hat), manchmal auch eine hellgefärbte Hornblende. Weiter tritt zu ihnen oft ein Mineral der Zoisit-Epidot-Gruppe, sowohl in makroskopischen als auch in nur mikroskopisch wahrnehmbaren Aggregaten. Makroskopisch ist es bräunlich; vielleicht handelt es sich um Klinozoisit. Unregelmäßig erscheint auch ein violetter Flußspat als Imprägnation. Akzessorisch trifft man noch Titanit, Zirkon und Erzkörner an.

Eruptivgesteine

Die in Budečer Skarn vorkommenden Eruptivgesteine sind in einem anderen Artikel (D. NĚMEC 1963 c) beschrieben. Es soll hier nur folgendes kurz bemerkt werden: Die im Skarnkörper erscheinenden Pegmatite sind grobkörnig, biotitführend, mit Übermacht eines Kalifeldspates und quarzreich. Ihr Kontaminationsgrad ist allgemein unbeträchtlich und äußert sich nur im schwankenden Biotitgehalt. Dagegen fehlt Amphibol in den Pegmatiten fast vollkommen. Dies ist zugleich ein typisches Unterscheidungsmerkmal der Budečer Skarne, da in anderen westmährischen Skarnlokalitäten die Amphibolpegmatite recht häufig vertreten sind.

Die im Budečer Skarn vorkommenden Granitoide sind an Pegmatite sowohl lokal als auch genetisch eng geknüpft und sind manchmal mit ihnen sogar durch Übergänge verbunden. Sie enthalten auch kleine pegmatitische Schlieren oder Äderchen. Auch ihre unmittelbare chemische Beeinflussung durch die Skarnkomponenten ist unbeträchtlich und äußert sich unter anderem nur durch größere lokale Biotitgehalte. Den niedrigen Kontaminationsgrad bestätigt auch folgende Beobachtung: Ein geprüfter Pegmatitgang schnitt den Kontakt zwischen einem stark durch Magnetit vererzten Skarn mit Hornfelsgneisen; nichtsdestoweniger konnten sowohl mikroskopisch als auch megaskopisch keine petrographischen Unterschiede zwischen den aus verschiedenen Abschnitten dieses Ganges entnommenen Stufen festgestellt werden.

Petrographisch kann man die granitoiden Gesteine je nach dem Verhältnis der Kalifeldspate im Plagioklas entweder als Granite oder Granodiorite bezeichnen. Was ihre petrographische Charakteristik betrifft, sind sie fein- bis mittelkörnig, von dunklen Bestandteilen enthalten sie nur Biotit. Quarz steht in ihnen mengenmäßig erst nach den Feldspaten.

Sulfide

Sie erscheinen größtenteils im vererzten Pyroxenskarn, wo sie stellenweise entweder kompakte, an Störungen gebundene Erzmassen bilden oder die Skarngesteine imprägnieren. Sie werden von keiner Gangart begleitet und in den Wandgesteinen ihrer Äderchen ist keine hydrothermale Zersetzung der primären Mineralien bemerkbar. Mengenmäßig überwiegt Magnetkies stark, untergeordnet erscheint noch Schwefelkies und Kupferkies. Dagegen ist Arsenkies nur selten megaskopisch wahrnehmbar. Andere festgestellte Mineralien (Zinkblende, Wismutglanz, gediegener Wismut) wurden nur mikroskopisch und dabei selten beobachtet, Bleiglanz fehlt gänzlich.

Magnetkies bildet grobkörnige inklusionsfreie Aggregate und zeigt oft eine sekundäre Umwandlung zu „Zwischenprodukten". Bei Schwefelkies soll seine Neigung zur Bildung idiomorpher Kristalle erwähnt werden. Kupferkies und Arsenkies sind allotriomorph begrenzt: Das letztgenannte Mineral erscheint aber auch in typischen idiomorphen Kristallen, deren Größe bis zu einigen Millimetern steigt. Das Vorkommen von Wismutglanz und gediegenem Wismut ist nur auf die mit Magnetit vererzten Pyroxen-Amphibol-Skarne begrenzt (vgl. Taf. I, Abb. 4). Diese Mineralien sind von Arsenkies und Magnetkies begleitet. Die Wismutglanzkristalle sind lappenförmig begrenzt, um 0,01 mm groß und setzen sich zu kompakten Aggregaten zusammen. Sie sind in Silikaten eingewachsen, nur selten wurden sie auch im Arsenkies und Kupferkies gefunden. Wismut ist nur mit Wismutglanz, mit dem es zusammenwächst, vergesellschaftet, mengenmäßig steht er aber erst hinter ihm. Durch Dimensionen und Form seiner Körner entspricht er denjenigen des Wismutglanzes. Zinkblende ist meistens feinkörnig (rund 0,02 mm) und bildet allotriomorphe, an Kupferkies, seltener auch an Magnetkies gebundene Körner.

Verschiedene junge Mineralassoziationen

In diesem Kapitel sind solche Mineralien oder Mineralassoziationen erwähnt, die in Äderchen oder schlierig als jüngere Gebilde die Skarngesteine durchsetzen, sofern sie noch nicht beschrieben wurden. Es handelt sich besonders um die Calcit-, Epidot-, Amphibol- und Granat-Äderchen oder Schlieren, weiters um die an Kontakten der Pegmatite mit den Skarnen sich entwickelnden Reaktionssäume u. a.

Von den in der Skarnhülle vorkommenden Kalksteinlagen unterscheiden sich die Calcitäderchen petrographisch vorerst durch ihre Reinheit. Im Skarn trifft man sie in zwei verschiedenen Arten.

Die erste stellen gedehnte Schlieren von verschiedener Form und Dimension vor, deren Mächtigkeit aber maximal nur einige Zentimeter beträgt. Mit den Skarngesteinen berühren sie sich meistens ohne Reaktionssäume, selten ragen vereinzelte Amphibolkristalle von den Rändern hinein oder sie enthalten nadelige Epidotkristalle. Manchmal wird ihr Kontakt von Granat gesäumt oder dieses Mineral ist im Calcit zerstreut. Selten sind die Reaktionssäume auch zonar entwickelt, und zwar die äußere (mit Skarn in Berührung stehende) Zone setzt sich aus Amphibol (diese Zone ist also reicher an Mg), die innere aus Granat (sie ist also reicher an Ca) zusammen. Die Calcitäderchen des zweiten Typus sind scharf begrenzt, gewöhnlich nur haardünn und ohne Reaktionssäume. Verglichen mit den ersteren sind sie offensichtlich jünger.

Eine enge Beziehung zu den Calcitschlieren ist bei manchen Granatäderchen feststellbar. So sieht man manchmal, daß ein Calcitäderchen plötzlich endet und als seine unmittelbare Fortsetzung ein Granatäderchen erscheint. Solche Äderchen sind höchstens einige Millimeter breit.

Die aus reinem Quarz bestehenden Quarzschlieren gehören im Budečer Skarn zu den größten Seltenheiten.

Im Skarn trifft man auch eine grobkörnige gemeine Hornblende in Form von unregelmäßigen Äderchen an, deren Mächtigkeit bis zu einigen Zentimetern hinaufreicht. Gegen das Wandgestein sind diese Äderchen unscharf begrenzt. Amphibolbänder säumen oft Kontakte der Pegmatite mit Pyroxenskarnen, sie können hier aber auch gänzlich fehlen. Biotitsäume, die auf eine beträchtliche Kaliumzufuhr aus Pegmatitmagma hinweisen, wurden nur ausnahmsweise angetroffen. Pegmatite werden zwar meistens mit Chloritbändern gesäumt, die bis einige Zentimeter breit werden können, es ist aber nicht klar, ob dieses Mineral nur ein Umwandlungsprodukt des Biotites ist. Die Pegmatite folgen nämlich oft den Störungen, und es ist daher nicht ausgeschlossen, daß die Entstehung der Chloritsäume nur auf die in Rutschflächen stattgefundene Chloritisierung der primären Skarnmineralien zurückzuführen ist.

Die Skarntektonik

Die im Budečer Skarn beobachtete Tektonik ist sehr auffallend und zugleich recht verwickelt. Die ältesten tektonischen Bewegungen machen sich durch die Einfaltung der schon erwähnten Skarnboudins in Orthogneise bemerkbar. Die sie umgebenden Gneise kopieren plastisch mit ihren Schieferungflächen die Formen der Skarnboudins; an ihren Berührungsflächen sind keine Deformationszeichen kataklastischer Art feststellbar. Die Einfaltung dieser Skarnlinsen fand, wie es scheint, in einem plastischen Milieu statt und wurde von vollständiger Rekristallisation der Gesteine begleitet. Vielleicht reicht dies bis in die Zeit der Metamorphose des ursprünglichen Granitoids, der sich in Orthogneis umwandelte, zurück.

Häufiger und auffallender sind jüngere, von Deformationen kataklastischer Art begleitete Bewegungen. Sie bewirkten die Entstehung von Rutschflächen und Harnischmyloniten, von Störungen verschiedener Mächtigkeit, von mit Brekzien verschiedenartigen Materials und von Dislokationslehmen ausgefüllten Spalten usw. Allen diesen Erscheinungen begegnet man mit etwa gleicher Häufigkeit sowohl im Skarn als auch in Hornfelsen und Gneisen der Skarnhülle. Im Skarn sind sie aber auffallender, weil manchmal Pegmatitgänge an diese Störungen gebunden sind und weil bei den in ihnen

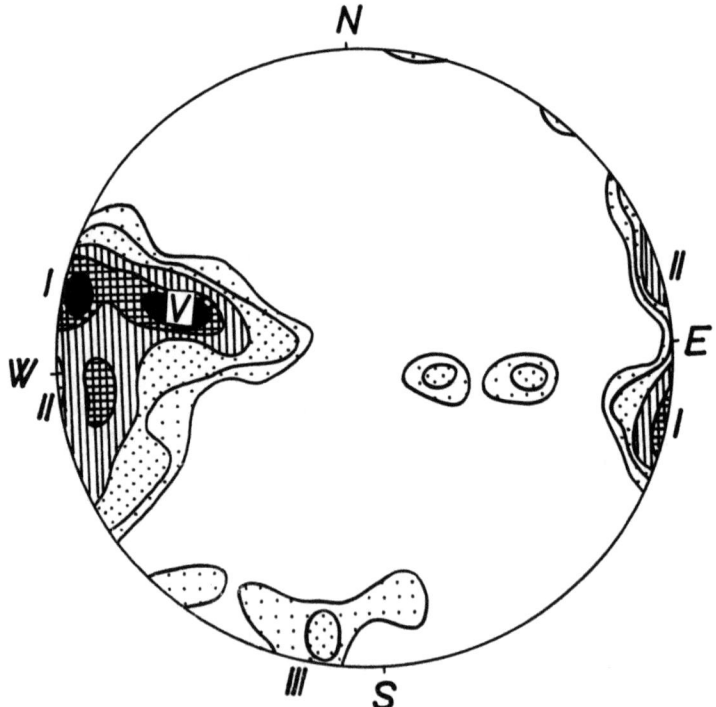

Abb. 4. Diagramm der Hauptklüfte und der Hauptstörungen im Budečer Skarn und seinen Hüllgesteinen. Flächentreue Projektion. 1—2—4—6—8 (—10,5)%.

verlaufenden Bewegungen verschiedene Gesteine in Berührung gerieten. Öfters fanden die Bewegungen an prädisponierten Schwächezonen, wie z. B. an Kontakten zweier Gesteine von verschiedenen mechanischen Eigenschaften (am Kontakte der Orthogneise mit den Paragneisen, der Hornfelse mit den Skarngesteinen usw.) statt.

Die beigefügten Diagramme (Abb. 4, 5) liefern eine Auskunft über die Streich- und Fallrichtungen der Spalten und Störungen. Weil aber die zu ihrer Konstruktion benützten Angaben nur auf Messungen fußen, die an horizontal verlaufenden Strecken gesammelt wurden, sind in den Diagrammen die steil stehenden Spalten mengenmäßig sehr begünstigt.

Aus den Untersuchungen der Kluftorientierung folgt, daß in dieser Hinsicht keine Unterschiede zwischen den die Skarne und die Gneise durchquerenden Klüften bestehen. Getrennt wurden Lote

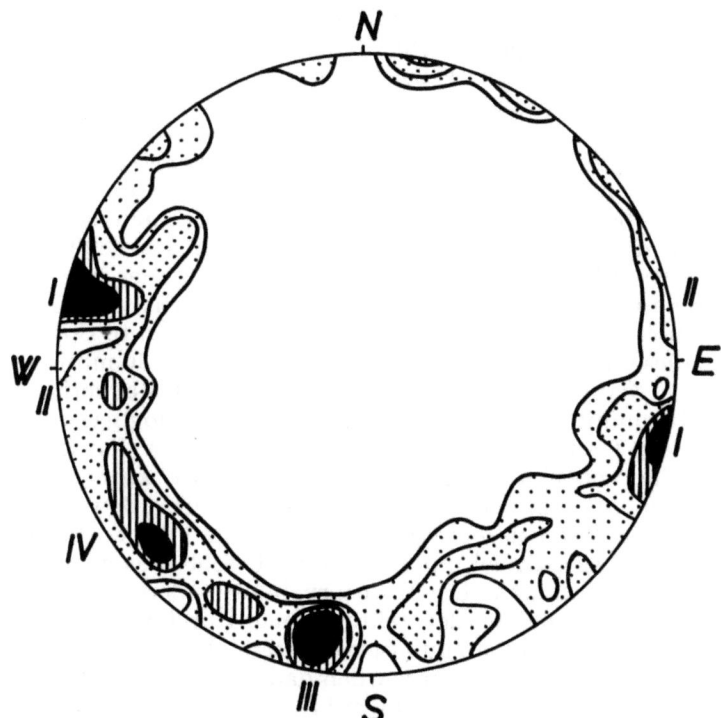

Abb. 5. Diagramm untergeordneter Klüfte im Budečer Skarn und seinen Hüllgesteinen. Flächentreue Projektion. 1—2—4—6 (—7,5) %.

auf die Hauptspalte und Dislokationsfläche (sie hatten oft eine Letten- oder Brekzienfüllung) und Lote auf untergeordnete, zugemachte Klüfte eingezeichnet. Im ersteren Fall (Abb. 4) erscheint im Diagramm ein der Horizontalebene naheliegendes Maximum, mit Andeutungen eines radialen in der E—W-Richtung verlaufenden Gürtels. Noch undeutlicher ist ein anderer in der Horizontalebene verlaufender Gürtel. Die wichtigsten tektonischen Flächen sind also beinahe tautozonal, sie streichen etwa S—N und fallen meistens steil (40—90^0) nach E ein. Längs dieser Flächen fanden auch beträchtliche Schollenverschiebungen statt.

Das für die untergeordneten Klüfte gültige Diagramm (Abb. 5) unterscheidet sich ein wenig von dem vorangehenden. Die Lote ergeben hier einen fast zusammenhängenden homogen besetzten Gürtel, der mit der Horizontalebene den Winkel von 15^0 einschließt und nach N geneigt ist. Der Vertikalgürtel fehlt hier vollkommen. Die als I—III bezeichneten Maxima entsprechen mit ihrer Lage jenen aus dem vorangehenden Diagramm: es erscheint hier noch ein Maximum V, dagegen fehlt Maximum IV. Kleinere Klüftchen entsprechen also mit ihrer Lage zum Teil den Hauptklüften, zum Teil sind sie zwar radial, sonst aber nicht lagekonstant eingeordnet.

Die wichtigste Störung geht am Westrand der Skarnkörper vorbei, sie liegt aber größtenteils noch in Paragneisen. Sie streicht fast N—S, in ihrem südlichen Abschnitt ist sie aber ein wenig nach W gebogen. Hier fällt sie steil (70—80^0) nach E, im Nordabschnitt dagegen nach W ein. Im Südabschnitt ist die Störung nur als eine Rutschfläche entwickelt, nach N nimmt aber ihre Mächtigkeit zu und sie geht in eine breite (bis 8 m), mit Dislokationslehmen und Bruchstücken verschiedener Gesteine ausgefüllte Spalte über. Längs dieser Störung ist die Westscholle etwa um 30 m in die Tiefe gesunken. Dabei geriet stellenweise auch der mit Magnetit vererzte Skarn in unmittelbare Berührung mit den Orthogneisen, obwohl sonst diese Gesteine stets durch Hornfelsen oder Paragneise der Skarnhülle voneinander getrennt sind. Es ist auch nicht ausgeschlossen, daß zu diesem Gesamtsprung auch Bewegungen an anderen, nicht so ausgeprägten tektonischen Flächen beigetragen haben, die etwa parallel mit der bereits beschriebenen Störung im Skarnkörper verlaufen. Die Beanspruchung äußert sich neben der Bruchtektonik auch in der tektonischen Durchbewegung einiger Gesteine. Der Durchbewegungsgrad hängt aber von der Gesteinsbeschaffenheit ab. Vor allem wurden dadurch die Orthogneise dank ihrer hohen Quarzgehalte in einem breiten Streifen stark betroffen. Selten findet man Spuren der Durchbewegung in Paragneisen, stellenweise auch in Adermigmatiten und Pegmatiten.

Eine besonders starke Durchbewegung erlitten die dem Skarnkörper naheliegenden Orthogneise. Megaskopisch macht sich ihre Beanspruchung durch eine ausgeprägte, an die S-Flächen gebundene Striemung wahrnehmbar, die durch Streifung oder Rillung dieser Flächen angegeben ist. Mikroskopisch stellt man in einigen Stufen Mörtel- bis Mylonitstrukturen fest. Zerscherte, feinkörnige Quarzstengel umfließen hier plastisch die Feldspataugen, ein Glimmerzerreibsel erscheint als Belag der Scharflächen usw. Ihr Quarzgefüge (Abb. 6) zeichnet sich durch das mit der Durchbewegungsrichtung (mit der a-Achse) zusammenfallende Maximum I und durch ein undeutliches Zweigürtelbild aus. Die Gürtel sind aber stark reduziert. Das Gefügediagramm zeigt eine mit der megaskopischen S-Fläche zusammenfallende Symmetrieebene. Die Schieferungsflächen, Striemung und das Quarzgefüge sind also entweder syntektonisch entstanden, oder bei der Durchbewegung folgten die Scherbewegungen den älteren prädisponierten S-Flächen.

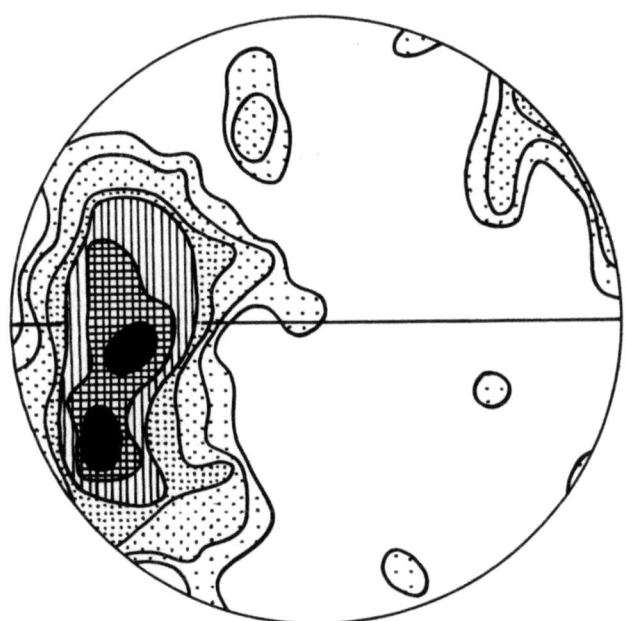

Abb. 6. Quarzgefüge einer aus der Nähe der Hauptstörung entnommenen Orthogneismylonitprobe. 290 Quarzachsen. 1—2—3—4,5—6 (—9,5)%.

In den mehr vom Skarnkörper entfernten Orthogneisen äußert sich die Beanspruchung nur in ihren Quarzgefügen (Abb. 7 — die betreffende Probe wurde in der Entfernung von etwa 100 m vom Skarnkörper entnommen). Es handelt sich wieder um ein undeutliches, zerschmiertes Zweigürtelbild.

Im Vergleich mit den allgemein durchbewegten Orthogneisen (ihre einzelnen Stufen unterscheiden sich untereinander nur durch den Durchbewegungsgrad) trägt die in Paragneisen wahrnehmbare Deformation nur einen lokalen Charakter. In Paragneisen findet man nämlich nur schmale Mylonitstreifen. Solche Gesteine weisen Augentexturen auf und ihre Grundmasse wird manchmal so fein, daß sie noch unter dem Mikroskop ganz dicht erscheint.

In zerscherten Migmatiten entspricht die im Paläosom beobachtete Deformation derjenigen der Paragneise, die Deformationsart des Metasoms dagegen derjenigen der Orthogneise. Im Pegmatit trägt nur Quarz die Deformationsmerkmale. Er wurde durch feste Feldspatkristalle zerdrückt und dabei eingeregelt. Die Feldspate selbst blieben intakt.

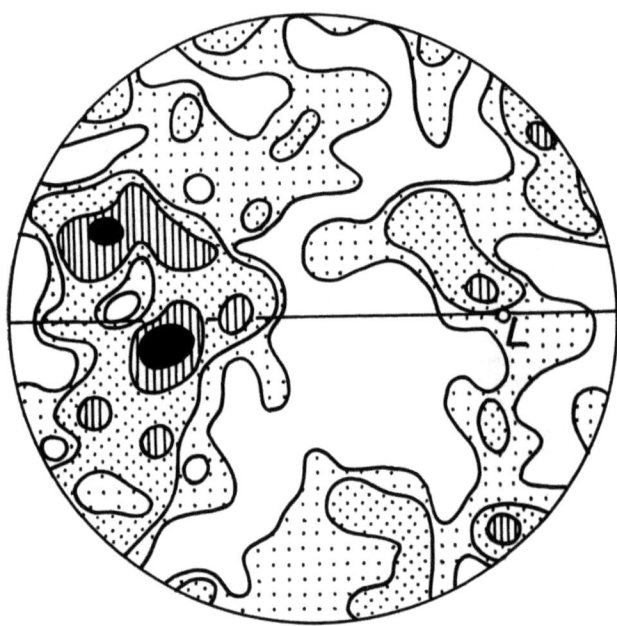

Abb. 7. Quarzgefüge eines schwach tektonisch beanspruchten Orthogneis (etwa 80 m von der Hauptstörung entfernt). L = Richtung der megaskopisch wahrnehmbaren Striemung. 111 Quarzachsen. 0,5—1—3—5 (—6,5) %.

Die Skarngesteine leisteten wegen ihrer Mineralzusammensetzung der Durchbewegung Widerstand, sie wurden aber desto kräftiger zerklüftet und in Deformationszonen zerbröckelt. Da manche Skarnbestandteile bei der Durchbewegung unbeständig sind, wurde die Deformation von tiefen Abänderungen der Mineralzusammensetzung in den beanspruchten Zonen begleitet. Dadurch unterscheidet sich die Skarndeformation von derjenigen der Orthogneise, in denen nur Korngrößeverminderung eintritt.

Verschiedene Beschaffenheit dieser beiden Gesteine kommt besonders gut dort zum Vorschein, wo die Orthogneise tektonisch unmittelbar an die Skarngesteine grenzen. Die Orthogneise sind megaskopisch nicht zerklüftet, die Skarngesteine dagegen wurden in einer breiten Zone bis zum Sand zerdrückt. Besonders leicht geben die reich mit Magnetit vererzten Skarne der Streßeinwirkung nach.

Aus den in den Störungszonen zirkulierenden Lösungen haben sich hier neue Mineralien abgesetzt, und zwar vereinzelte Calcit- und häufigere Opalknollen. Letztere sind in allen Tönen verschieden braun, bis schwarzbraun, grün oder graugrün, violett oder milchweiß. Sehr oft zeigt Opal schon eine Entglasung.

In ähnlichen Massen ist von den primären Mineralien noch Magnetit, Apatit und zum Teil noch Granat erhalten geblieben. Das letztgenannte Mineral wird aber meistens durch Mineralien der Zoisit-Epidot-Gruppe ersetzt. Pyroxen und Amphibol sind dagegen stets vollkommen umgewandelt.

In westmährischen Skarnen ist eine ähnliche tiefe Skarnzersetzung noch aus der Lokalität Věchnov bekannt (J. PELÍŠEK 1956). Sie ist der Zersetzung der Serpentinite sehr ähnlich.

Mikroskopische sowie megaskopische Untersuchungen ergaben keine verläßlichen Unterlagen zur Entscheidung, ob die bereits beschriebenen Calcit- und Opalknollen durch übliche Verwitterung oder durch Mitwirkung von hydrothermalen Lösungen bedingt wurden.

Die im Budečer Skarn wahrnehmbare Tektonik ist sicher mehrphasig. Dies bezeugen z. B. einige Pegmatitgänge, die zwar an ältere Klüfte und Störungen gebunden sind, aber noch nachkristallin deformiert wurden. Insgesamt können 3 Deformationsphasen unterschieden werden:

1. Die Phase der plastischen Deformationen. Sie ist besonders durch die in Orthogneise eingefalteten Skarnboudins belegt und auch in anderen westmährischen Skarnlokalitäten (Županovice, Kordula) auf dieselbe Weise beweisbar. Die Deformation vollzog sich unter abyssalen Bedingungen und wurde durch Rekristallisation der sauren Gesteine begleitet.

2. Ältere Phasen kataklastischer Deformationen. Hierzu gehört die Zerklüftung der Skarne mit nachträglicher Injektion der Pegmatite und Granitoide. Diese Eruptivgesteine wurden nicht mehr metamorphosiert, bei ihrer Intrusion war aber die Umgebung noch warm genug (die Granitoide sind sowohl in Zentralteilen der Gänge als auch in ihren Randpartien gleichkörnig; die Pegmatitkontakte mit den Skarnen sind mit Reaktionssäumen begrenzt).

3. Jüngere Phase kataklastischer Deformationen. In den Orthogneisen äußert sich diese Phase besonders im Quarzgefüge. Im Skarn, in Paragneisen und Randhornfelsen ihrer Hülle macht sie sich durch die Bruchtektonik und durch Entstehung der Mylonitzonen bemerkbar. Die Deformation ist jünger als die Intrusion der teilweise von ihr noch betroffenen Pegmatiten und Migmatiten. In dieser Periode entstanden im Skarn vielleicht auch die mit Calcit gefüllten Haarrisse (solche Äderchen entbehren schon die Reaktionssäume). Da der Einregelungsgrad des Orthogneisquarzes in der Nähe der mächtigen N—S-Störung vollkommener als in größerer Entfernung davon ist, kann man Abhängigkeit der Quarzeinregelung und der Großtektonik voraussetzen. Vergleicht man verschiedene westmährische Skarnlokalitäten mit dem Budečer Skarn, kommt man zur Erkenntnis, daß sich die letztgenannte Lokalität durch eine außerordentlich reiche und verwickelte Tektonik auszeichnet. Dies hängt mit der Tatsache zusammen, daß der Budečer Skarn gerade in einer riesigen etwa 40 km langen Störungszone liegt, die in der Umgebung von Budeč ungefähr 10 km breit ist und sich in der E—W-Richtung hinzieht (vgl. hierzu D. Němec 1963a).

Die Altersfolge einzelner Skarnassoziationen sowie einzelner Mineralien

Die gegenseitige zeitliche Stellung einzelner, im Skarn vorkommender Assoziationen folgt schon aus der bereits beschriebenen Tektonik. Es lassen sich folgende Etappen unterscheiden: 1. Die Skarnetappe, während der der Skarnkörper entstanden ist. 2. Die Pegmatitetappe, für die besonders die Intrusion der Eruptivgesteine kennzeichnend ist (hierher gehört vielleicht auch die Entstehung der die Skarngesteine durchquerenden Granat- und Amphiboläderchen). 3. Die Sulfidetappe. Nach tektonischen Bewegungen kam es zur Ausfällung bzw. Umlagerung der Sulfide, die an die die Skarngesteine schneidenden Störungen gebunden sind und die auch die den Skarn durchsetzenden Amphiboläderchen durchqueren. 4. Etappe der sekundären Mineralien — sie zeichnet sich durch haardünne Äderchen des Calcits, Chlorits und anderer sekundärer Mineralien aus, die die Skarngesteine samt den Sulfidpartien durchsetzen. Diese Äderchen weisen keine Reaktionssäume mehr gegen die Skarne auf.

Schematisch ist die Skarnentwicklung in Tabelle 2 veranschaulicht.

Tabelle 2. Entwicklungsschema des Budečer Skarns

Etappenbezeichnung	Deformation	Rekristallisation	charakteristische Merkmale
Skarnetappe	plastisch, von regionalen Ausmaßen	allgemeine, die Regionalmetamorphose begleitende	a) Granitoidintrusion und Skarnentstehung b) Umwandlung der Granitoide in Orthogneise, Migmatisation der Paragneise
Pegmatitetappe	in Skarne Bruchtektonik	noch eine beträchtliche Rekristallisation der Silikate	Intrusion von Pegmatiten magmatischer Herkunft und von granitischen Eruptivgesteinen; Entstehung von Reaktionssäumen an ihren Kontakten mit Skarnen; Entstehung der die Skarne durchquerenden Amphibol- und Granatäderchen (teilweise Umlagerung des Magnetits?)
Sulfidetappe	kataklastisch, lokal	---	Entstehung von Deformationsbrekzien und Myloniten; Quarzeinregelung in deformierten Gneisen und Pegmatiten; Durchaderung der älteren Assoziation mit Sulfiden
Etappe der sekundären Mineralien	---	---	Kristallisation des jungen Calcits und der sekundären Mineralien, die Äderchen ohne Reaktionssäume bilden

1. Die Ausscheidungsfolge primärer Skarnmineralien ist nicht klar. Man kann z. B. nur sagen, es seien 2 Granatgenerationen im Skarn vorhanden. Die erste gehört zu den normalen Skarnbestandteilen, die andere bildet winzige, die Skarngesteine durchquerende Äderchen. Bei der letzteren Granatgeneration ist ihr Zusammenhang mit Clacitäderchen und Calcitschlieren gut wahrnehmbar. Auch Amphibol ist mindestens in 2 Generationen vorhanden, die sich auf dieselbe Weise wie die Granatgenerationen

voneinander unterscheiden lassen. Die Ausscheidungsfolge der älteren Granat- und Amphibolgeneration und des Pyroxens bleibt unklar. Selbst in gewöhnlichen Kontaktfelsen ist die Altersfolgebestimmung nur selten durchführbar, in unseren Skarngesteinen sind die Verhältnisse noch durch die Einflüsse der Regionalmetamorphose verwickelt. Auch die Entstehung einiger bereits erwähnter Amphibol- und Granatäderchen könnte vielleicht mit dieser Metamorphose zusammenhängen.

Magnetit durchadert als eine offensichtlich jüngere Bildung primäre Skarnsilikate und dringt als allotriomorphe Körner längs Intergranularen in ihre Aggregate ein. In bezug auf Magnetit kann man zwei Typen der Amphiboläderchen unterscheiden: Ältere, unscharfe, aus grobkörnigem Amphibol bestehende Äderchen, mit deutlich jüngerem sporadischem Magnetit[2], und jüngere, etwas schärfere und feinkörnigere Äderchen, die schon ganz magnetitfrei sind (zusammen mit dem als Skarnbestandteil erscheinenden Amphibol sind also im Budečer Skarn insgesamt 3 Amphibolgenerationen vorhanden). Die magnetithaltigen Skarne werden von magnetitfreien Pegmatitgängen durchquert. Diese Tatsache allein reicht nicht zum Beweis aus, daß die Pegmatite jünger als die Magnetitvererzung sind, weil auch bei nachträglicher Magnetitvererzung die Pegmatite wegen ihrer ungünstigen topomineralischen Einflüsse magnetitfrei sein würden[3]. Die Tatsache, daß im Gegensatz zu den Pegmatiten die durch Magnetit vererzten Skarnpartien keine räumliche Beziehung zu den Störungen zeigen, hat eine größere Beweiskraft dafür, daß Pegmatite jünger als die Magnetitvererzung sind.

2. Das jüngere Alter der Eruptivgesteine in bezug auf die Skarngesteine ist ganz deutlich. Weil die auf ihren Kontakten mit den Skarnen entstandenen Reaktionssäume mit ihrer Ausbildung den die Skarne durchquerenden Amphiboläderchen entsprechen, ist es wahrscheinlich, daß auch die Entstehung der Amphibol- und Granatäderchen in diese Etappe der Skarnentwicklung hineinfällt. Es ist auch ersichtlich, daß sowohl die Pegmatite als auch die Granitoide derselben Intrusion angehören (D. NĚMEC 1963c).

3. Sowohl den megaskopischen als auch den mikroskopischen Beobachtungen zufolge sind die Sulfide jünger als die Skarngesteine

---

[2] Dieser Magnetit kann entweder stofflich jünger als der die Äderchen zusammensetzende Amphibol sein, oder es handelt sich um einen älteren, aber regenerierten (umgelagerten) Magnetit.

[3] Im Skarn kann nach dem Gesetz von GULDBENG-WAAGE die Ausscheidung von Magnetit bei niedrigerer Fe-Konzentration stattfinden (vgl. D. S. KORŽINSKIJ 1955).

und Pegmatite, in welchen sie Spältchen ausfüllen. Einzelne Mineralien der Sulfidetappe folgen in dieser Altersreihe nacheinander (Näheres darüber vgl. D. NĚMEC, im Druck): Magnetit I, Arsenkies, Magnetkies, Magnetit II, Zinkblende, Kupferkies, Wismutmineralien. Etwas unsicher ist dabei die Stellung der Zinkblende in bezug auf Magnetkies und der Wismutmineralien in bezug auf Kupferkies. Magnetit III, Schwefelkies und Markasit sind erst später, und zwar supergen entstanden.

4. Die jüngste Etappe faßt die durch Umwandlung oder durch Verwitterung entstandenen Mineralien zusammen. Es handelt sich um Chlorit, Calcit, Mineralien der Zoisit-Epidot-Gruppe usw. Sie füllen scharfe Haarrisse aus, die die primären Silikate, samt Magnetit und samt den Sulfiden, durchqueren. Diese sekundären Mineralien füllen die Spalten entweder getrennt oder gemeinsam aus, wobei sie sich manchmal ganz unregelmäßig durchwachsen. Sie sind also fast gleichzeitig entstanden. Die mit ihnen in Kontakt stehenden Gesteine weisen keine Umwandlung auf, solche Fälle ausgenommen, wo das betreffende Mineral des Wandgesteines schon instabil war. Dies bezieht sich besonders auf den Magnetkies, dessen Körner beiderseits der Äderchen öfters in ein „Zwischenprodukt" umgewandelt werden als die anderen.

Die Zeit der Umwandlung einiger Mineralien läßt sich kaum verläßlich feststellen. Z. B. die Aktinolithisierung der gemeinen Hornblende kann bis in die letzten Etappen der Skarnentwicklung hineinreichen, da man z. B. in der Randhornfelszone nadelige, in Mineralien der Zoisit-Epidot-Gruppe hineinragende Akinolithaggregate beobachtet. Die Entstehung von Opal, Prehnit und von den Mineralien der Zoisit-Epidotgruppe ist wahrscheinlich schon supergen.

Chemische Zusammensetzung der Skarngesteine sowie ihrer Begleit- und Hüllgesteine

Alle Hauptgesteinstypen aus der Budečer Lokalität wurden chemisch untersucht (Tabelle 3). Orthogneise wurden dabei mit einer typischen mylonisierten und schwach serizitisierten Stufe vertreten, die Sillimanit und Granat als Akzessorien enthält. Nicht so typisch war die analysierte Paragneisprobe. Ihr niedriger Pyroxengehalt (in typischen Budečer Paragneisen fehlt dieses Mineral) bezeugt, daß sie schon leicht skarnisiert wurde. In der betreffenden Paragneisprobe überwiegt Plagioklas, Kalifeldspat wird nur selten angetroffen. Häufig ist Biotit zugegen, akzessorisch kommt Schwefelkies und Titanit zum Vorschein. Die analysierte Probe des

Tabelle 3. Chemische Zusammensetzung der

Nr.	Gestein	SiO_2	Al_2O_3	Fe_2O_3	TiO_2	CaO	MgO
1	Orthogneis	74,53	12,34	0,42	0,13	1,47	0,63
2	Paragneis	53,08	14,86	1,52	0,78	6,48	7,41
3	Pyroxen-Amphibolfels	50,32	18,60	0,74	0,97	11,82	3,98
4	Pyroxen-Amphibolskarn	43,26	9,55	3,28	0,55	17,54	8,59
5	Dolomitkalkstein...........	27,51	4,11	1,35	0,26	27,65	14,72

Pyroxen-Amphibolfelsen, die vorwiegend aus diopsidischem Pyroxen, Amphibol, Plagioklas als Hauptbestandteilen, und aus Mikroklin und Biotit als Nebengemengteilen besteht, ist recht inhomogen. Titanit erscheint darin als eine häufige Akzessorie. Analysierter Pyroxen-Amphibol-Skarn enthält noch zerstreute Granat- und Calcitkörner. Letztere werden vom spärlichen Skapolith begleitet. Eine untersuchte Kalksteinprobe ist reich an Silikaten (Pyroxen, Phlogopit, Serpentinpseudomorphosen, spärlich Tremolit). Alle Analysen führte Ing. HRDLIČKA in den Laboratorien der Geologischen Erkundungsanstalt in Brno durch.

Die Skarnanalyse zeigt charakteristische Merkmale dieses Gesteinstypus (niedriger SiO_2- und Alkaliengehalt, hohes Fe, Mn, Mg, Ca). Sein Al_2O_3- und TiO_2-Gehalt ist für durchschnittliche Skarne etwas zu hoch, was vielleicht mit hohem Amphibolgehalt der untersuchten Stufe zusammenhängt. Diese Probe ist nicht magnetithaltig. Die Untersuchungen zeigten, daß durch die Magnetit-

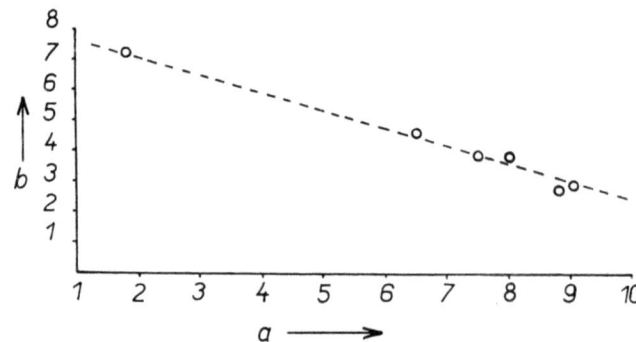

Abb. 8. Magnetithaltige Pyroxenskarne, Budeč. a = Summe der Molekularzahlen ($FeO + 2 \times Fe_2O_3$), b = Molekularzahlen von SiO_2.

Hauptgesteinstypen aus der Budečer Lokalität

FeO	MnO	Na$_2$O	K$_2$O	P$_2$O$_5$	CO$_2$	S	H$_2$O+	H$_2$O−	Summe	Dichte gcm^{-3}
1,53	0,05	2,64	3,81	0,16	0,47	0,05	0,96	0,10	99,29	2,63
4,34	0,06	2,45	4,75	0,24	1,87	0,38	1,49	0,15	99,86	2,79
6,81	0,29	1,52	1,80	0,12	2,39	0,10	0,71	0,23	100,40	2,98
11,89	0,51	0,96	0,81	0,29	0,88	0,05	1,39	0,24	99,79	3,30
0,82	0,12	0,22	0,88	0,20	18,42	0,11	3,46	0,65	100,48	2,80

vererzung die chemische Zusammensetzung der Silikate nicht abgeändert wurde. Dies machen die Diagramme in Abb. 8, 9 klar. Zu ihrer Konstruktion dienten einige Analysen typischer, z. T. sehr magnetitreicher Skarnproben. In Abb. 8 sind die Molekularzahlen von SiO$_2$ denjenigen der Eisenoxyde gegenübergestellt. Wie ersichtlich, sinkt bei anwachsendem Fe-Gehalt der SiO$_2$-Gehalt. In Abb. 9 sind nun Proportionen der Molekularzahlen einzelner Oxyde und von SiO$_2$ zum Vergleich mit den Molekularzahlen der Eisenoxyde eingetragen. Diese Quotienten bleiben bei verschiedenen Eisenoxydgehalten fast beständig (dies gilt besonders bei Al$_2$O$_3$ und TiO$_2$). Daraus folgt, daß die Silikate im großen und ganzen die gleiche Zusammensetzung aufweisen müssen. Die die Magnetitkristallisation bedingende Fe-Zufuhr beeinflußte also chemisch nicht ältere Silikate.

Die analysierte Probe des Pyroxen-Amphibolfelsen nimmt eine Mittelstellung zwischen den Paragneisen und Skarnen ein. Mit einigen ihrer Komponenten nähert sie sich mehr den Skarnen, mit anderen wieder den Paragneisen. Auch der Unterschied zwischen

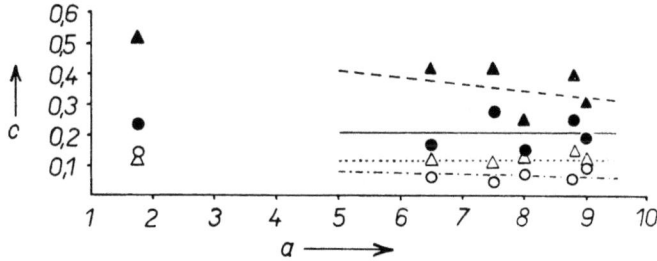

Abb. 9. Magnetithaltige Pyroxenskarne, Budeč. a = wie in Abb. 8, c = Verhältnisse der Molekularzahlen ○ $\frac{TiO_2}{SiO_2}$, ● $\frac{MgO}{SiO_2}$, △ $\frac{Al_2O_3}{SiO_2}$, ▲ $\frac{CaO}{SiO_2}$

den Ortho- und Paragneisen tritt aus den chemischen Analysen hervor. Der Orthogneis zeichnet sich besonders durch seinen großen SiO_2-Gehalt aus, der Paragneis weist dagegen erhöhte Al_2O_3-, TiO_2-, Fe_2O_3-, FeO_2-, MgO- und CaO-Gehalte auf. Die Alkaliengehalte sind nicht grundverschieden. Der Orthogneis, mit dem Magmaklassifikationsschema nach P. NIGGLI (1936) verglichen, entspricht chemisch einem yosemitgranitischen Magma (Si gleich 475, al 46,3, fm 11,9, c 10,0, alk 31,8, K 0,49, mg 0,60, Quarzzahl +248). Es handelt sich also um ein ausgesprochen salisches Magma aus der Gruppe der leukogranitischen Magmen, die die sauersten und vielleicht auch die verbreitetsten Magmen der Kalkalkalireihe repräsentieren.

Das analysierte Carbonatgestein zeichnet sich durch einen hohen Silikatanteil aus (etwa 60 Gewichtsprozente nach der Analysenberechnung). Damit hängt auch sein verhältnismäßig hoher SiO_2-, K_2O-, Al_2O_3- und Fe_2O_3-Gehalt zusammen. Mg ist zwar auch z. T. in Silikaten gebunden, teilweise ist es zugleich auch eine Komponente des vorhandenen Dolomits. Nach der Berechnung ist das Verhältnis Calcit:Dolomit ungefähr 1:1.

Zur Beurteilung des Gesamtchemismus der untersuchten Proben dient das QLM-Dreieck (Abb. 10). Darin ist z. B. gut ersichtlich, daß der analysierte Orthogneis mit SiO_2 übersättigt ist. Dagegen liegen die Projektionspunkte des Pyroxen-Amphibolfelsen

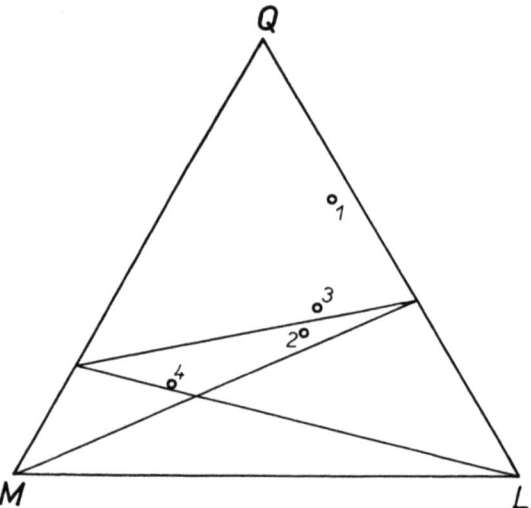

Abb. 10. QLM-Diagramm analysierter Gesteine aus der Budečer Lokalität (die Numerierung der Proben entspricht derjenigen der Tabelle 3).

und des Paragneises an der PF-Linie und infolgedessen sind diese Gesteine mit SiO_2 gerade gesättigt. Die Skarnprobe ist mit SiO_2 nicht gesättigt. Der analysierte Randhornfels und der Paragneis sind chemisch recht ähnlich; ihre feldspatbildenden Komponenten (L) sind z. B. ganz gleich.

Die Skarnassoziationen, die bei entsprechender chemischer Gesteinszusammensetzung primäre Hornblende führen, gehören allgemein in die Amphibolhornfelsfazies (nach der neuen Gliederung von FYFE, TURNER, VERHOOGEN 1959). Im Budečer Skarn trifft man häufig Amphibol an, den man seiner Aggregationsart und Ausbildungsform nach für kein Produkt der Retrogradmetamorphose halten kann. Daß die Budečer Skarne nicht zu der Pyroxenhornfelsfazies gehören, beweist einerseits das Vorkommen von Glimmern (Biotit, Phlogopit), andererseits das Fehlen von rhombischen Pyroxenen. Zugleich bezeugt das Fehlen des Epidotes als eines primären Bestandteils nebst weiteren Merkmalen, daß es sich nicht um eine Albit-Epidot-Fazies handelt. Die Gesteine der Skarnhülle gehören wahrscheinlich zu der Almandin-Sillimanit-Subfazies der Amphibolitfazies. Die bei K_2O-Überschuß beobachteten Mineralassoziationen mit Skarnchemismus sind sowohl in der Amphibolhornfelsfazies als auch in der Almandin-Amphibol-Fazies der Regionalmetamorphose ganz gleich. Daher wurden die berechneten AFC-Werte nur in ein einziges Diagramm eingetragen (Abb. 11).

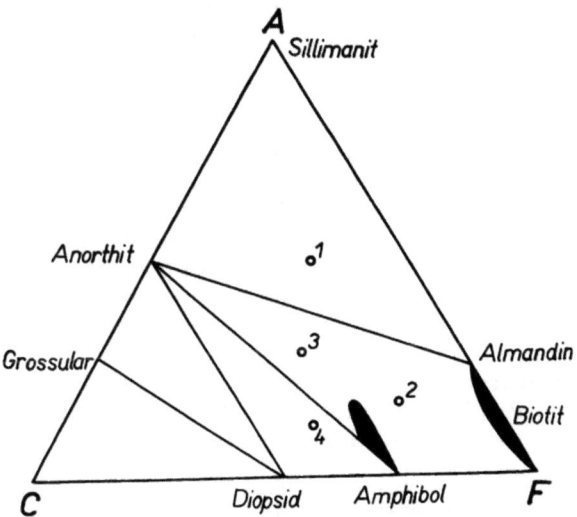

Abb. 11. Phasendiagramm der Skarngesteine und ihrer Hüllgesteine, Budeč.

Tabelle 4. Berechnung der Gesteinsanalysen aus der Budečer Lokalität für die NIGGLI-Basis

	Orthogneis	Paragneis	Pyroxen-Amphibolhornfels	Pyroxen-Amphibolskarn
Kp	14,1	16,8	6,5	3,0
Ne	14,8	13,2	8,3	5,4
Cal	2,6	9,2	23,4	12,1
Cs	—	3,3	1,5	19,4
Tf	—	—	—	0,6
Fo	—	15,4	8,4	18,7
Fa	0,4	4,6	8,3	14,3
Fs	0,5	1,6	0,8	3,6
Sp	2,8	—	—	—
Hz	1,2	—	—	—
Ru	—	0,6	0,7	0,4
Q	62,3	30,8	36,0	20,2
Cc	1,3	3,5	6,1	2,3
Py	—	1,0	—	—

Nur die Zusammensetzung des Dolomitkalkes läßt sich darin nicht veranschaulichen. Die C-Werte wurden zugleich für Calcit korrigiert.

Die theoretisch erwartete Assoziation des Orthogneises (Plagioklas, Sillimanit, Almandin, Biotit, Orthoklas, Quarz) stimmt vollkommen mit der beobachteten Wirklichkeit überein. Im analysierten Skarn erscheinen zwar gemäß der Erwartung Amphibol und Pyroxen als Hauptbestandteile, statt des erwarteten Plagioklases ist hier aber ein Granat, wahrscheinlich der Grossular-Andradit-Reihe, zugegen. Das Vorkommen des Andradits zusammen mit Amphibol ist in westmährischen Skarnen keine Seltenheit, obwohl es nicht massenhaft ist (vgl. hierzu z. B. die Beschreibung der Věchnover Lokalität von M. NOVOTNÝ 1960). Zwar ist Amphibol manchmal offensichtlich jünger als Granat, nichtsdestoweniger fällt seine Entstehung aber noch in frühzeitige Etappen der Skarnevolution, vielleicht in die Zeit der Skarnmetamorphose. Es ist nicht ausgeschlossen, daß es sich um eine Assoziation handelt, die sich nicht im chemischen Gleichgewichtszustand befindet[4]. Im Amphibol-Pyroxenfels würde man der chemischen Zusammensetzung nach die Assoziation Plagioklas, Biotit, Amphibol, Kalifeldspat (Quarz) erwarten, in der Tat ist daneben aber häufig auch diopsidischer

---

[4] In westmährischen Skarnen trifft man hie und da Assoziationen, die offensichtlich nicht im Gleichgewichtszustand nach der Phasenregel sind (z. B. Olivinkörner grenzen unmittelbar an Quarz usw.).

Pyroxen anwesend. Beträchtliche Inhomogenität dieses Gesteins (rasches Wechseln amphibolführender und pyroxenhaltiger Partien) könnte auf seinen Ungleichgewichtszustand hindeuten. Es ist aber auch nicht ausgeschlossen, daß sich kleinere Gesteinspartien im Gleichgewichtszustand befinden; wenn man aber die chemische Zusammensetzung des Gesteines als ein Ganzes betrachtet, stimmt die Wirklichkeit nicht mit der Erwartung überein.

Gerade demselben Problem begegnet man auch bei den Biotitparagneisen, wo auch kein Amphibol, sondern nur monokliner Pyroxen erscheint.

Die Haupttypen der Skarngesteine, ihrer Begleit- und Hüllgesteine wurden auch spektrographisch mit Hilfe des UV-Spektrographen Q 24 untersucht. Die Ergebnisse sind in Tabelle 5 zu finden[5]. Wie ersichtlich, ist Sn in Skarnen angehäuft, und zwar in Silikaten und teilweise vielleicht auch im Magnetit getarnt. Dies kann auch genetisch einige Wichtigkeit haben, da bekanntlich (vgl. z. B. K. RANKAMA, T. G. SAHAMA 1950) der Sn-Gehalt in Eisenerzen von sedimentärem Ursprung gering ist, wogegen er in

Tabelle 5. Budeč-Spurenelemente in den Hauptgesteinstypen

Gestein	Sn	Pb	Bi	Zn	In	Ag	Ni	Co	Cr	V	Ge	Ga	Ba	Sr
Pyroxenskarn	2	1	1	2	1		2		2	1	1	1		1
magnetithaltiger Pyroxenskarn	3			3										
Hornblendeskarn	2	1		1	1		1	1	1	1	1	1	2	?
Hornblende-Pyroxenhornfels	2	3				1	2		2	2		1		?
Paragneis	1	1					1		1	1		1	3	3
Orthogneis		1								1				
Dolomitkalkstein		1							1				3	3
Ganggranit		1							1			1	3	3
Pegmatit		¯1										1	3	3

Abstufung der Gehalte: 1   < 0,01%
          2   0,01—0,1%
          3   0,1%

[5] Nur die Neben- und Spurenelemente, Cu ausgenommen, sind dort angegeben (die benützten Elektroden enthalten Cu in Spuren, daher ist genauere Ermittelung der Cu-Gehalte in den untersuchten Proben unmöglich).

den Greisenassoziationen sein Maximum erreicht. Zn ist z. T. an Silikate und z. T. auch an die sporadisch vorkommende Zinkblende gebunden. Indium vertritt wahrscheinlich diadoch Fe^{2+} in den Skarnmineralien, dabei ist es zugleich ein typisches Spurenelement der Skarngesteine des westmährischen Moldanubikums. Recht verbreitet ist Pb, das wahrscheinlich Ca und K diadoch vertritt. Der verhältnismäßig hohe Pb-Gehalt in der untersuchten Randhornfelsprobe muß wahrscheinlich auf die Anwesenheit des Bleiglanzes zurückgeführt werden, was auch die Feststellung von Ag in dieser Probe bekräftigt. Spektrographische Untersuchungen weiterer Randhornfelsproben zeigten aber, daß solche Pb- und Ag-Gehalte in diesen Gesteinen nicht gemein sind. Ba ist regelmäßig in kaliumhaltigen Gesteinen anzutreffen[6], im Kalkstein vertritt es wahrscheinlich Ca. Sr ist infolge seiner bekannten Diadochie mit Ca in Plagioklas und Calcit getarnt. Bei Ni läßt sich seine Anwesenheit in Fe^{2+}- und Mg-reichen Gesteinen, bei Cr in Fe^{3+}- und Al-reichen Gesteinen konstatieren. Es muß besonders das Fehlen von Ni, Cr und V im untersuchten magnetithaltigen Skarn unterstrichen werden, da alle diese Elemente in die Gitter des Spinelltypus (Magnetit) eingebaut werden können. Magnetit muß also von ihnen verhältnismäßig rein sein. Ga wird bekanntlich an aluminiumhaltige Mineralien gebunden. Obwohl sein Gehalt stets unter 0,01% liegt, läßt sich aus den Intensitäten entsprechender Spektrallinien der Schluß ziehen, daß es relativ in Skarnen und Paragneisen häufiger ist als in Eruptivgesteinen und in Orthogneisen. Ge ist bekanntlich in Silikaten, in denen es Si diadoch vertritt, getarnt. Seine Gehalte sind aber nicht der SiO_2-Menge proportional, denn Ge wurde nur in Skarnen festgestellt, die verhältnismäßig an SiO_2 arm sind. Es ist ein sehr charakteristisches Element der westmährischen Skarnassoziation.

Wichtig ist, daß W niemals in Skarnen bewiesen wurde, was ein charakteristisches Merkmal der westmährischen Skarnprovinz ist.

Entstehung des Budečer Skarns

In Westmähren, ähnlich wie in anderen Gebieten kräftiger Regionalmetamorphose (z. B. in Mittelschweden), ist die Klarmachung der Skarngenesis recht schwierig. Das hängt gerade mit dieser Metamorphose katazonaler Art zusammen, die sich besonders in den Gesteinen der Skarnhülle bemerkbar macht, die aber auch

---

[6] Der spektrographisch untersuchte Amphibolskarn enthielt häufig chloritisierten Biotit.

unmittelbar in den Skarnkörpern ihre Spuren hinterließ. Die verwickelten Verhältnisse lassen verschiedene Erklärungsmöglichkeiten zu. Bei einzelnen Autoren, die sich eingehender mit dieser schwierigen Frage beschäftigten, findet man infolgedessen recht verschiedene Ansichten, je nachdem, welche Merkmale sie in den von ihnen untersuchten Skarnlokalitäten als typisch entwickelt vorfanden, welches Gewicht sie einzelnen Merkmalen beimaßen und mit welcher Auffassung sie überhaupt an die Lösung dieser Frage herantraten. Von allen möglichen in Betracht kommenden Entstehungsmöglichkeiten, die J. KOUTEK (1950) zusammenfassend aufzählt, wurden bisher folgende angewandt:

1. Die Metamorphose sedimentärer Eisenerze (V. ZOUBEK 1946). Es wird angenommen, daß sich die chemische Zusammensetzung dieser Sedimentgesteine während der Metamorphose grundsätzlich nicht geändert hat.

2. Entstehung der Skarne infolge der Erzzufuhr aus einem Magmaherd. Meistens wird dabei die Pyrometasomatose der Kalksteine vorausgesetzt, wobei die zugeführten Komponenten mit sauren Intrusionsgesteinen in genetischen Zusammenhang gebracht wurden (J. KOUTEK 1950). L. WALDMANN (1931) setzt bei den Skarnen des Waldviertels zwar auch die Carbonatmetasomatose voraus, jedoch die dabei einwirkenden Fe und Mg wurden nach seiner Ansicht aus Magmen der Orthoamphibolite frei. M. NOVOTNÝ (1955, 1960) hält dagegen eine unmittelbare Kristallisation der Skarnmineralien (ohne Carbonatmetasomatose) aus juvenilen erzbringenden Lösungen für wahrscheinlich. Die chemische Zusammensetzung dieser Lösungen könnte aber nach seiner Ansicht in der Tiefe durch die Assimilation der Carbonat- und Silikatgesteine modifiziert werden.

Eine eingehende und zusammenfassende Beurteilung der Genesis aller Skarnvorkommen der Böhmisch-Mährischen Anhöhe, gestützt auf die in den letzten Jahren durchgeführten geologischen Erkundungsarbeiten, wird für eine selbständige Studie vorbehalten. Hier soll nur kurz erwähnt werden, daß nach der Ansicht des Verfassers die betrachteten Skarne sehr alte und sicher vorvariszische Gebilde sind, die wahrscheinlich sowohl durch die Carbonatmetasomatose als auch durch die Silikatmetasomatose zustandekamen. Diese Metasomatosen bewirkten Lösungen juveniler Art (die Skarne entstanden aber nicht durch unmittelbare Pyrometasomatose), für deren Quelle man die großen, jetzt in Orthogneise umgewandelten Granitoidintrusionen halten muß. Wie schon oben erwähnt wurde, wurden die ganzen Komplexe samt den Skarnen nachträglich regional metamorphosiert, was von einigen stofflichen Umlagerungen auch direkt innerhalb der Skarnkörper begleitet wurde. Diese Ansichten können durch die weiter angeführten Tatsachen, bei besonderer Berücksichtigung des Budečer Skarnvorkommens, gestützt werden:

1. Geologische Lage der Skarnkörper. Westmährische Skarne erscheinen allgemein in typischen Paraschiefern, welche aber manchmal kräftig migmatisiert wurden. Zugleich befinden sich die Skarnkörper oft dicht am Kontakt der Orthogneise. Beides ist auch in der Budečer Lokalität gut ersichtlich. In den Skarnkörpern oder in ihrer unmittelbaren Nähe bleiben noch Schollen reliktischer Carbonatgesteine erhalten (D. NĚMEC 1963b), was auch für die Budečer Lokalität gilt.

2. Petrographische Zusammensetzung der Skarnkerne und ihre Beziehungen zu den Hüllgesteinen. Westmährische Skarne sind petrographisch verhältnismäßig einheitlich und ihre petrographische Zusammensetzung ist von Hüllgesteinen unabhängig. Nur bei einigen minder wichtigen Merkmalen sind Beziehungen zu den Hüllgesteinen feststellbar. So erscheint z. B. Quarz häufiger nur in den in Glimmerschiefern oder in anderen quarzreichen Hüllgesteinen eingelagerten Skarnkörpern. Auch dies ist im Budečer Skarn gut ersichtlich, denn die in quarzarmen Paragneisen eingelagerten Hauptskarnkörper sind quarzfrei; dagegen kommt Quarz untergeordnet in den in quarzreichen Orthogneisen eingefalteten Boudins vor. Die Beziehungen zu Hüllgesteinen sind aber bei den Randhornfelsen beobachtbar und äußern sich schon durch ihre Übergänge zu den Hüllgesteinen.

3. Die Stellung der Skarne zu den Eruptivgesteinen. Die Beziehung zu den metamorphosierten Erstarrungsgesteinen (Orthogneise) läßt sich besonders gut in der Budečer Lokalität beurteilen. Mit Paragneisen sind die Skarne über Pyroxenhornfelsen verbunden, ihr Kontakt mit Orthogneisen ist aber nur tektonisch. Nie wurde beobachtet, daß Skarne von Orthogneisgängen durchquert werden. Die Skarne sind aber offensichtlich älter als die Migmatisierungsprozesse, die in einigen westmährischen Skarnlokalitäten schon die Randpartien der Skarnkörper betroffen haben.

Nichtmetamorphe Eruptivgesteine (Pegmatite und Granitoide), die wahrscheinlich variszisch[7] sind, erscheinen sowohl in Skarngesteinen als auch in ihren Hüllgesteinen als Gänge, die mit scharfen Kontaktflächen gegen die Skarne begrenzt sind (vgl. auch die

---

[7] Pegmatite entstanden aber wahrscheinlich zum Teil auch im Zusammenhang mit den Migmatisationsprozessen.

Budečer Lokalität). Sie bewirken keine Skarnisierung der von ihnen durchsetzten Gesteine; nur in den reliktischen Carbonatgesteinen sind ihre Kontakte mit schmalen magnetitfreien Reaktionssäumen versehen, die aber petrographisch von Skarnen grundverschieden sind (vgl. D. NĚMEC 1963b). Verhältnismäßig häufiges Vorkommen von Pegmatiten und manchmal auch von Granitoidgängen in Skarnkörpern ist wahrscheinlich nur durch größere Sprödigkeit der Skarngesteine bedingt und kann nicht als ein Beweis für genetische Beziehungen angesehen werden.

4. Einige charakteristische mineralogische und geochemische Skarnmerkmale. Für westmährische Skarne ist besonders das Vorkommen von einigen Mineralien der Sulfidphase genetisch sehr wichtig. Das bezieht sich besonders auf die Wismutmineralien, die sehr verbreitet sind (D. NĚMEC 1962), und auf Molybdenglanz, Glanzkobalt und gediegenes Gold, die zusammen im Skarnkörper bei Swratouch vorkommen (D. NĚMEC, im Druck). Solche Assoziationen sind für die Kontaktlagerstätten recht kennzeichnend. Von den Spurenelementen sind wieder für westmährische Skarne besonders Sn, Zn und In sehr typisch. Diese Spurenelementassoziation ist zugleich von derjenigen der westmährischen Amphibolite grundverschieden.

5. Merkmale der Metamorphose. Den wichtigsten Beweis der Skarnmetamorphose bilden die in die Gesteine der Skarnhülle eingefalteten Skarnboudins (D. NĚMEC, 1960, im Druck). Die „Pseudoschieferungsflächen" der Skarnfragmente stehen manchmal sogar schief zu den Schieferungsflächen der Gneise. Solche Skarnboudins sind auch aus der Budečer Lokalität bekannt. Auch in die reliktischen Carbonatgesteine wurden die Skarnfragmente eingefaltet (D. NĚMEC 1963b). In allen diesen Fällen handelt es sich um eine geologisch sehr alte Deformation, da ihre Spuren im Gefüge der Gesteine gänzlich kristalloblastisch ausgeheilt wurden.

Nimmt man die Hypothese der Skarnentstehung durch die Metasomatose an, bleibt noch zu beantworten, ob in der Budečer Lokalität die Skarnisationsvorgänge nur die Carbonatgesteine oder auch die Paragneise (oder ihre vormetamorphen Äquivalente) betroffen haben. Die Übergänge von Skarngesteinen zu Randhornfelsen und von diesen wieder zu Paragneisen lassen vermuten, daß die Skarne mindestens zum Teil metasomatisch aus Paragneisen entstanden sind. In der Lokalität Tyrny-Auz (Südjakutien) zeigte J. V. NĚSTĚRENKO (1959, 1960), daß die hier erscheinenden Skarne von mehr als drei Vierteln aus Biotitfelsen zustandekamen. Diese Biotitfelsen sind aber den Budečer Paragneisen sehr ähnlich und auch in anderen Merkmalen steht die betrachtete Skarnlokalität derjenigen von Budeč recht nahe. Allgemeine zur Unterscheidung der Exoskarne von den Endoskarnen (in der Auffassung von CH. M. ABDULLAJEV 1954[8]) dienende Merkmale konnten aber nicht festgestellt werden. Nur das kann man behaupten, daß in der Budečer Lokalität keine Gesteine vorkommen, die sich als ursprüngliche Autoskarne (durch Skarnisierung ursprünglicher Eruptivgesteine entstandene Gesteine) deuten lassen.

Die bei der Voraussetzung der Entstehung der Budečer Skarne aus Paragneisen und Kalksteinen notwendigen chemischen Veränderungen können an Hand der Abb. 12 und der Tabelle 6 beurteilt werden. In Abb. 12 wird die Zahl der Kationen pro 160 Sauerstoffatomen angegeben[9]. Wie ersichtlich, würde die Skanisierung der Paragneise über die Pyroxenhornfelsen der Zufuhr von Fe, Ca und Mn (beim letzteren Element in der Reihenfolge 0,1—0,2—0,4 Atome pro 160 Sauerstoffatomen) und der Wegfuhr von Si und Alkalien bedürfen. Der Ti-Gehalt bleibt dabei fast unverändert. Veränderungen kann man auch bei Mg und die Abfuhr bei Al konstatieren[10]. Die beobachteten chemischen Abänderungen in der Reihe Paragneis—Randhornfels—Skarn sind wahrscheinlich auch in anderen westmährischen Skarnlokalitäten allgemein verbreitet (vgl. z. B. die Verhältnisse im Županovicer Skarn; D. NĚMEC 1964).

Bei ähnlicher Beurteilung der Kalksteinmetasomatose läßt sich die Methode von T. BARTH nicht anwenden. Daher ist der Vergleich nur auf Grund der Tabelle 6 möglich, wo die Gehalte der einzelnen Oxyde pro 100 cm³ des Gesteinsvolumens angegeben sind. Bei der Entstehung der Skarngesteine aus den Kalksteinen vom Typus der analysierten Probe müßte man die Zufuhr von Si, Al, Fe, Mn, Ti, Na und Wegfuhr von Ca, Mg und CO_2 voraussetzen. Der

[8] Die von D. S. KORŽINSKIJ 1955, Ch. M. ABDULLAJEV, BATALOV u. a. benützte Terminologie wurde zwar für nichtmetamorphe Skarne ausgearbeitet, mit Vorbehalt läßt sie sich aber auch beim metamorphosierten Kristallin anwenden, wenn man die Frage des ursprünglichen Skarnsubstrates behandelt.

[9] Diese 160 Sauerstoffatome bilden gemeinsam die Standardzelle von T. BARTH 1952. Diese Methode geht von der Voraussetzung aus, daß der Sauerstoffanteil der Gesteine während der metasomatischen Prozesse praktisch beständig bleibt.

[10] Ein etwas ungewöhnlicher Charakter der Verbindungslinien der Projektionspunkte von Al und Mg in Abb. 12 hängt wahrscheinlich mit der chemischen Zusammensetzung der untersuchten Paragneisprobe zusammen, die, was ihren Al_2O_3- und MgO-Gehalt betrifft, von der Durchschnittszusammensetzung der Paragneise abweicht (MgO ist darin ungewöhnlich hoch, Al_2O_3 dagegen etwas niedriger). Eine andere Analyse einer typischeren Paragneisprobe lieferte für Mg und Al Werte, die praktisch denselben Komponenten des untersuchten Pyroxenfelses entsprechen.

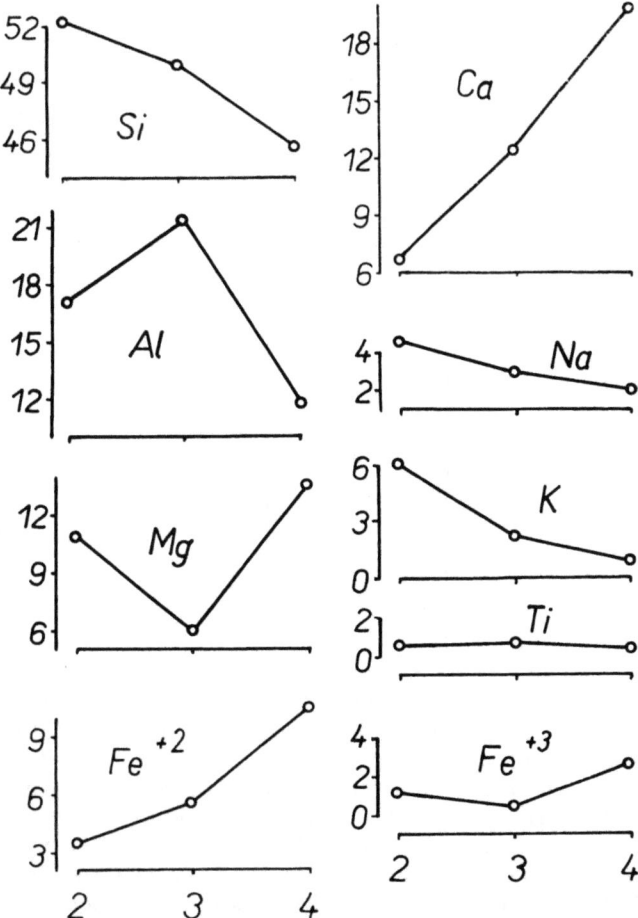

Abb. 12. Unterschiede von analysiertem Skarn, Randhornfels und Paragneis, in Zahlen der Kationen pro 160 Sauerstoffatome ausgedrückt (nach T. BARTH berechnet).

Kaliumgehalt würde sich nicht viel ändern. Da aber bekannt ist (vgl. z. B. D. S. KORŽINSKIJ 1950), daß sich Ti während der Metasomatose ganz inert verhält, und nicht mobilisiert wird, läßt sich voraussetzen, daß die untersuchte Skarnprobe nicht aus Kalksteinen entstanden sein kann. Jedenfalls ist für die Skarnisationsprozesse, auch wenn man nur die Silikate betrachtet, die beträchtliche Fe-Zufuhr am auffallendsten.

Tabelle 6. Gewichte der Oxyde in Gramm pro 100 cm³ des analysierten Carbonatgesteins und Skarns (Budeč)

	Dolomit-kalkstein	Pyroxen-Amphibolskarn	Differenz
SiO_2	77,2	143,4	+ 66,2
TiO_2	0,7	1,8	+ 1,1
Al_2O_3	11,5	31,7	+ 20,2
Fe_2O_3	3,8	10,9	+ 7,1
FeO	2,3	39,4	+ 37,1
MgO	41,3	28,5	— 12,8
MnO	0,3	1,7	+ 1,4
CaO	77,6	58,2	— 19,4
Na_2O	0,6	3,2	+ 2,6
K_2O	2,5	2,7	+ 0,2
CO_2	51,7	2,9	— 48,8
P_2O_5	0,6	1,0	+ 0,4
H_2O^+	9,7	4,6	— 5,1
Summe	280,0	330,0	—

Als Quelle der erzbringenden Lösungen könnte man vielleicht den Magmaherd der heutigen Orthogneise unseres Gebietes halten, und zwar aus topographischen Gründen. Die chemische Zusammensetzung der Orthogneise selbst würde diese Auffassung nicht besonders fördern, da die Erfahrung aus anderen Gebieten lehrt, daß die Skarne meistens genetisch an granodioritische Magmen gebunden sind (vgl. D. E. KARPOVA, A. G. IVAŠČENCOV 1954). Unsere Orthogneise sind aber von leukogranitischem Charakter, vorausgesetzt, daß sich ihre chemische Zusammensetzung während der Metamorphose nicht grundsätzlich geändert hat. Genetische Beziehungen der Skarne zu solchen Erstarrungsgesteinen sind aber nicht ganz ausgeschlossen. Da die Menge der halogenhaltigen Mineralien im Budečer Skarn gering ist, folgt daraus (vgl. hierzu auch T. BARTH 1928), daß die Metasomatose nicht den pneumotolytischen Charakter trug, sondern wahrscheinlich durch wasserhaltige Erzlösungen bedingt wurde.

Wie bereits erwähnt, sind die Pegmatite und Granitoide im Vergleich zu den Skarngesteinen offensichtlich jünger und ihre Intrusion brachte keine Skarnisation mit sich (von der Entstehung ganz unbeträchtlicher schmaler „Reaktionsskarne" an Kalksteinkontakten abgesehen). Die Vergesellschaftung der Eruptivgesteine mit den Skarnen ist nur lokal bedingt.

Da, wie oben gezeigt wurde, die Sulfide in der Altersreihe erst nach den Eruptivgesteinen folgen, könnte vielleicht ihre Zugehörigkeit zu den Skarnisationsprozessen auch bezweifelt werden. Ihre eigentümliche Assoziation (vgl. besonders die Wismutmineralien) spricht aber eher für ihren genetischen Zusammenhang mit den Skarnisationsprozessen. Diese Sulfide sind beständige Begleiter der Skarngesteine, obwohl sie auch inhomogen zerstreut sind. Sie wurden auch in den von den Hauptskarnkörpern getrennten und in Orthogneise eingefalteten Skarnboudins angetroffen. Wahrscheinlich waren also die Sulfide schon ursprünglich im Skarn vorhanden. Im Laufe der späteren Skarnentwicklung regenerierten sie bei günstigen Bedingungen. Während der Intrusion der jüngeren Granitoidgänge waren ihre Wandgesteine noch hoch genug erwärmt, da sie auch bei kleinen Mächtigkeiten (um 1 dm) noch mittelkörnig sind und keine Kornverkleinerung an ihren Salbändern bemerkbar ist. Nach P. RAMDOHR (1953) genügt aber schon die Temperatur von 200—400°C um die „pseudohydrothermalen" Bedingungen herzustellen. Infolge der topomineralischen Einflüsse der Skarnmineralien wurden die Sulfide noch innerhalb der Skarnkörper zurückgehalten.

Für die Einreihung der Skarnisationsprozesse in die Geochronologie fehlen verläßliche Kriterien. Budečer Skarn wurde noch tektonisch durch die zur Žďár-Bystřice-Störung zugehörigen Bewegungen kräftig beansprucht. Diese Störung kann aber für jungvariszisch gehalten werden (D. NĚMEC 1963a). Da aber durch die erwähnten Bewegungen schon die Pegmatite betroffen wurden, die offensichtlich noch beträchtlich jünger als die Skarne sind, mußten die Skarnisationsvorgänge noch viel älter sein. In bezug auf die Regionalmetamorphose sind sie sogar vormetamorph (also assyntisch oder noch älter).

Vergleich des Budečer Skarns mit anderen westmährischen Skarnlokalitäten

Der Skarn bei Budeč stimmt geologisch und paragenetisch mit anderen westmährischen Skarnen überein. Er entspricht ihnen in seiner geologischen Lage, in der Form seiner Körper, in mineralogischen Merkmalen (z. B. überwiegt darin Pyroxen den Granat; Wollastonit, Vesuvian, Scheelit fehlen, Magnetit zeigt keine Spuren der Martitisierung u. a.). Einige abweichende Merkmale hängen mit der geographischen Lage des Budečer Skarns zusammen (z. B. seine äußerst verwickelte junge Tektonik, die durch die Lage des Skarnkörpers in der Störungszone von Žďár-Bystřice bedingt ist) oder sind unwesentlich (z. B. der in bezug auf das Skarnvolumen verhältnismäßig hohe Magnetitgehalt). Die Einwirkungsmerkmale der Regionalmetamorphose sind in der Budečer Lokalität nicht so ausgeprägt wie in anderen Lokalitäten.

So wurden hier z. B. die Paragneise stellenweise nicht migmatisiert. Auffallend ist auch die verhältnismäßige Feinkörnigkeit der Budečer Skarne, wenn man bedenkt, daß in anderen westmährischen Lokalitäten (Kordula, Županovice, Sejřek) manchmal bis zentimetergroße Pyroxenkristalle erscheinen. Würde die Kornvergröberung mit der, während der Regionalmetamorphose stattgefundenen Rekristallisation zusammenhängen, würden sich vielleicht auch die im Budečer Skarn vertretenen Gesteinsstrukturen den ursprünglichen mehr nähern. Auch der Kontaminationsgrad der jüngeren, die Skarne durchquerenden Eruptivgänge ist hier nicht so beträchtlich wie in anderen westmährischen Skarnlokalitäten. So gehören z. B. die amphibolführenden Pegmatite, die in anderen Lokalitäten ganz gemein sind, im Budečer Skarn zu den größten Seltenheiten. Die Kontakte dieser Eruptivgesteine mit den Skarnen sind hier nur mit sehr schmalen Reaktionssäumen versehen usw. Alle diese Unterschiede sind aber vielmehr von quantitativer als von qualitativer Art. Offensichtlich bilden alle westmährischen Skarne eine einheitliche und eigentümliche Skarnprovinz.

Literatur

ABDULLAJEV, Ch. M. (1954): Genetičeskaja svjaz oruděněnija s granitoidnymi intruzijami. Moskva 1954.

BARTH, T. (1928): Kalk und Skarngesteine im Urgebirge bei Kristiansand. N. Jahrbuch für Mineralogie etc., B. B. 57, Abt. A, II.

— (1952): Theoretical petrology. New York—London.

BATALOV, A. B. (1952): O petrogenetičeskich tipach skarnov. Zapisk Uzbekistanskogo otdělenija vses. min. obšestva, Nr. 1, S. 148.

FYFE, W. S., TURNER, F. J., VERHOOGEN (1959): Metamorphic reactions and metamorphic facies. New York.

JANEČKA, J., SKÁCEL, J. (1958): Úspěchy vyhledávacího průzkumu na Českomoravské vysočině. Rudy 6, S. 204.

KARPOVA, D. E., IVAŠČENOV, A. G. (1954): Kapitel Skarne in ,,Izmenennyje okolorudnyje porody i ich poiskovoje značenije". Moskva.

KORŽINSKIJ, D. S. (1950): Phase rule and geochemical mobility of elements. International geol. congress, 18 sess., II (problems of geochemistry), London.
— (1955): Očerk metasomatičeskich processov. Osnovnyje problemy v učenii o magmatogennych rudnych městorožděnijach, Moskva.
KOUTEK, J. (1950): Ložisko magnetovce skarnového typu u Vlastějovic v Posázaví. Rozpravy II. tř. České akademie, 60, č. 27.
NĚMEC, D. (1960): Poznámky ke skarnům z okolí Korduly u Rouchovan. Časopis Mor. musea 45, S. 37—44.
— (1962): Das Vorkommen von Wismutglanz im Skarn bei Kottaun (niederösterreichisches Waldviertel). Anzeiger der math.-nat. Kl. der Öster. Akademie der Wissenschaften, Nr. 8, S. 129—134.
— (1963a): Geologische Folgerungen aus den Quarzgefügeuntersuchungen in der Böhmisch-Mährischen Anhöhe. Neues Jahrbuch für Geologie, 116, S. 223—254.
— (1963b): Assoziation der Skarne mit Carbonatgesteinen in der Antikline von Swratka (tschechisch mit englischer Zusammenfassung). Sborník geol. věd, řada G, 2, p. 101—115.
— (1963c): Eruptivgesteine in westmährischen Skarnen und ihre genetische Stellung. Neues Jahrbuch für Mineralogie, Abh. 100, S. 203—224.
— (1964): Skarne des Županovicer Reviers (tschechisch mit englischer Zusammenfassung). Sborník geol. věd, řada LG, 3, S. 43—108.
— (im Druck): Sulfidische Erzmineralien in westmährischen Skarngesteinen. Neues Jahrbuch für Mineralogie.
NĚSTĚRENKO, G. V. (1959): Povedění titana v processe formirovanija skarnov městorozdění Tyrny—Auz. Geochemija, p. 159.
— (1960): Některyje osoběnnosti processa skarnoobrazovanija městorožděnija Tyrny—Auz. Geochemija, p. 315.
NIGGLI, P. (1936): Die Magmentypen. Schweiz. Min. u. Petr. Mitl., 16, S. 335—370.
NOVOTNÝ, M. (1955): Skarnová ložiska od Pernštýna a Líšné. Sborník ÚÚG, 21, I, p. 395.
— (1960): Pyroxenicko-granátická (skarn) od Věchnova. Práce Brněnské základny ČSAV, 32, Nr. 12, p. 565.
PELÍŠEK, J. (1956): Příspěvek k novým nerostným nálezům a ke geochemii skarnu od Věchnova u Bystřice n. P. v oblasti sz. Moravy. Časopis pro mineralogii a geologii, 1, S. 246.
RAMDOHR, P. (1953): Über Metamorphose und sekundäre Mobilisierung. Geolog. Rundschau, 42, p. 11.
RANKAMA, K., SAHAMA, T. G. (1950): Geochemistry. Chicago.
WALDMANN, L. (1931): Erläuterungen zur Geolog. Spezialkarte der Rep. Österreich, Blatt Drosendorf. Wien.
ZOUBEK, V. (1946): Poznámky k otázce skarnů, granulitu a jihočeských grafitových ložisek. Sborník SGÚ, 13, p. 483.

Die in den Sitzungsberichten Abtlg. I und Abtlg. II der math.-nat. Klasse der Österr. Ak. d. Wiss. erscheinenden Abhandlungen werden auch einzeln abgegeben. Sie können durch jede Buchhandlung oder direkt durch die Auslieferungsstelle der Österreichischen Akademie der Wissenschaften (Wien I, Singerstraße 12) bezogen werden.

Nachfolgende Abhandlungen aus dem Fache **Botanik** (Biologie) sind erschienen:

1957 (S I Bd. 166):

Politis J.: Über die „Tanninoplasten" oder Gerbstoffbildner der Crassulaceae (mit 2 Textabbildungen und 1 Tafel). S 6.—
Politis J.: Über einen neuen Pflanzenfarbstoff in den Blüten einiger Verbascum-Arten (mit 2 Tafeln). S 5.20
Übeleis Ilse: Osmotischer Wert, Zucker- und Harnstoffpermeabilität einiger Diatomeen (mit 1 Textabbildung). S 30.40

1958 (S I Bd. 167):

Höfler Karl: Permeabilitätsstudien an Parenchymzellen der Blattrippe von Blechnum spicant (mit 5 Textabbildungen). S 45.—
Rechinger K. H., Dulfer H. und Patzak A.: Širjaevii fragmenta astragalogica IV. S 38.10
Url Walter: Zur Wirkung der Atmungsgifte Natriumazid und Dinitrophenol auf die Permeabilität von Blechnum spicant-Zellen (mit 3 Textabbildungen). S 25.—
Wawrik Friederike: Hochgebirgs-Kleingewässer im Arlberggebiet III (mit 3 Textabbildungen und 1 Tafel). S 18.90

1959 (S I Bd. 168):

Biebl Richard: Röntgenstrahlenwirkungen auf Commelinaceenstecklinge (Total- und Partialbestrahlungen) (mit 9 Tabellen und 5 Textabbildungen). S 31.20
Höfler Karl: Über die Gollinger Kalkmoosvereine (mit 1 Textabbildung und 1 Tafel). S 34.50
Höfler Karl und Fetzmann Elsa Leonore: Algen-Kleingesellschaften des Salzlackengebietes am Neusiedler See I (mit 1 Tafel). S 21.50
Hustedt Friedrich: Die Diatomeenflora des Salzlackengebietes im österreichischen Burgenland (mit 81 Textabbildungen und 1 Tafel). S 53.90
Luhan Maria: Zur Wurzelanatomie unserer Alpenpflanzen. IV. Compositae (mit 9 Textabbildungen und 4 Tafeln). S 36.90
Pfoser Karl: Vergleichende Versuche über Verholzungsreaktionen und Fluoreszenz (mit 2 Textabbildungen und 2 Tafeln). S 18.70
Rechinger K. H., Dulfer H. und Patzak A.: Širjaevii fragmenta astragalogica. S 29.40
Wendelberger Gustav: Die Vegetation des Neusiedler See-Gebietes. S 7.20

1960 (S I Bd. 169):

Bolay Erika: Die Vitalfärbung voller Zellsäfte und ihre cytochemische Interpretation (mit einer Textabbildung und 5 Tafeln). S 49.—
Ehrendorfer F.: Neufassung der Sektion Lepto-Galium Lange und Beschreibung neuer Arten und Kombinationen (zur Phylogenie der Gattung Galium, VII). S 12.—
Franz Gertrude: Die Mikroflora einiger Standorte im Leithagebirge in ihrer Abhängigkeit von Boden und Vegetationsdecke (mit 22 Textabbildungen). S 88.—
Pruzsinszky S.: Über Trocken- und Feuchtluftresistenz des Pollens (mit 12 Abbildungen auf 6 Tafeln). S 63.40

1961 (S I Bd. 170):

Fetzmann Elsalore, Vegetationsstudien im Tanner Moor (Mühlviertel, Oberösterreich) (mit 2 Textabbildungen und 2 Tafeln). S 170—3, S 23.—
Pruzsinszky Siegfried und Url Walter, Ein Beitrag zur Desmidiaceenflora des Lungaues. S 170—1, S 9.—
Rechinger K. H., Dufler H. und Patzak A., Širjaevii fragmenta astragalogica XIII. bis XVII. Teil. S 170—2, S 56.—

1962 (S I Bd. 171):

Niklfeld Harald, Über die Pflanzengesellschaften der Fels- und Mauerspalten Südfrankreichs (mit 1 Textabbildung und 1 Falttabelle) 171—23, S 52.—
Url Walter, Permeabilitätsversuche an Stengelepidermiszellen von Gentiana germanica und Gentiana ciliata (mit 3 Textabbildungen) 171—16, S 40.—

MIX
Papier aus verantwortungsvollen Quellen
Paper from responsible sources
FSC® C105338

If you have any concerns about our products,
you can contact us on
ProductSafety@springernature.com

In case Publisher is established outside the EU,
the EU authorized representative is:
**Springer Nature Customer Service Center GmbH
Europaplatz 3, 69115 Heidelberg, Germany**

Printed by Libri Plureos GmbH
in Hamburg, Germany